청소의 과학
A FIELD GUIDE TO CLEANING

청소의 과학
A FIELD GUIDE TO CLEANING

초판 1쇄 인쇄　2025년 11월 21일
초판 1쇄 발행　2025년 11월 28일

지은이　송현수
펴낸이　최종현
기획　김동출
편집　최종현
디자인　무모한스튜디오 김진희

펴낸곳　(주)엠아이디미디어
주소　서울특별시 마포구 양화로 161, 820호
전화　(02) 704-3448　팩스　(02) 6351-3448
이메일　mid@bookmid.com　홈페이지　www.bookmid.com
등록　제2011 - 000250호

ISBN　979-11-93828-30-4(03500)

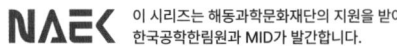
이 시리즈는 해동과학문화재단의 지원을 받아
한국공학한림원과 MID가 발간합니다.

청소의 과학
A FIELD GUIDE TO CLEANING

청소의 과학
A FIELD GUIDE TO CLEANING

초판 1쇄 인쇄　2025년 11월 21일
초판 1쇄 발행　2025년 11월 28일

지은이　　송현수
펴낸이　　최종현
기획　　　김동출
편집　　　최종현
디자인　　무모한스튜디오 김진희

펴낸곳　　(주)엠아이디미디어
주소　　　서울특별시 마포구 양화로 161, 820호
전화　　　(02) 704-3448 팩스　(02) 6351-3448
이메일　　mid@bookmid.com　홈페이지　www.bookmid.com
등록　　　제2011 - 000250호

ISBN　　　979-11-93828-30-4(03500)

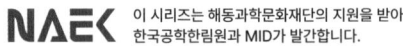

이 시리즈는 해동과학문화재단의 지원을 받아
한국공학한림원과 MID가 발간합니다.

A FIELD GUIDE TO CLEANING

청소의 과학

송현수 지음

방구석에서 우주까지,
유체역학은 어떻게
세상을 **깨끗하게** 만드는가?

들어가며

　모든 역사는 작은 점으로부터 비롯되었다. 빅뱅으로 수많은 별이 탄생하고 죽음을 반복하며 우주 곳곳에 먼지를 흩뿌렸다. 그리고 우주 먼지는 모든 생명체를 구성하는 탄소, 수소, 질소, 산소 등 원소의 근원이 되었다. 즉 먼지로부터 탄생한 우리는 모두 별에서 온 존재이며, 생명을 잃으면 다시 먼지가 되어 우주를 떠도는 거대한 순환 속에 있다. 죽음으로 충만한 우주, 그리고 먼지 상태의 영겁에서 아주 잠시 인간이라는 특별한 형태로 존재할 뿐이다.

　결국 인생은 먼지에서 기원한 인류가 끊임없이 먼지를 치우다가 마침내 먼지로 돌아가는 과정이다. 태초부터 청소는 인류에게 필수 요소일 수밖에 없다. 불을 사용하며 생겨난 재, 농경과 함께 쌓인 흙먼지, 산업 혁명 이후 도시를 뒤덮은 그을음까지, 인류는 늘 자신이 만든 부산물을 스스로 치워야만 살아남을 수 있었다. 기술은 발전했지만 정돈하지 않으면 유지되지 않는 삶의 구조만큼은 변하지 않았다. 인간이 깨끗함을 추구하는 이유에는 바로 이 긴 역사적 경험이 스며 있다.

이러한 이유로 수천, 수만 년에 걸쳐 청소 방식은 꾸준히 변해왔지만 시대와 지역을 초월해 여전히 불가결한 작업으로 남아 있다. 과학 기술의 발전으로 빗자루와 걸레보다 진공청소기와 로봇 청소기가 익숙한 도구가 되었음에도 인간은 여전히 청소의 굴레에서 벗어나지 못하고 있다.

그렇다면 인류의 숙명과도 같은, 청소란 무엇인가? 사전적으로는 더럽거나 어지러운 것을 쓸고 닦아 깨끗하게 만드는 작업을 뜻한다. 좁게는 방과 거실의 일상적인 청소부터, 넓게는 길거리와 바다의 대규모 청소가 포함되며, 더 나아가 지구를 넘어 우주 차원에서도 청소가 이루어지고 있다. 수명을 다한 인공위성, 발사체의 부속품, 충돌로 인한 파편 등 수백만 개의 우주 쓰레기가 지구 주변을 떠돌고 있기 때문이다. 이처럼 방식과 규모는 천차만별이지만 청소는 기본적으로 흩어진 먼지와 쓰레기를 한곳에 모아 생활권 밖으로 분리하는 행위의 연속이다.

하지만 이러한 인위적 행동은 무질서 상태를 유지하려는 우주의 자연 법칙을 거스른다. 바둑알 여러 개를 힘껏 던지면 여기저기 마구 퍼지듯 먼지 역시 한곳에 모여 있는 것보다 곳곳에 떠도는 상태가 물리학적으로 더 안정적이다. 로또 당첨 번호가 1, 2, 3, 4, 5, 6이라면 얼마나 낯설고 이상한가? 다시 말해 무작위 상태가 곧 자연스러움을 뜻하며, 이를 열역학 제2

법칙으로 설명하면 엔트로피entropy가 증가하는 과정이다. 그저 청소하기 싫은 사람의 비겁한 변명으로 들려도 할 수 없다. 청소는 세상 만물을 자연스럽게 뒤죽박죽 어지럽히려는 우주와, 그것을 방해하고 정리하려는 인간의 끊임없는 대결이자 치열한 사투다.

이 지루한 싸움은 먼지를 치우고 얼룩을 제거하는 것에서부터 시작한다. 우선 먼지를 털기 위해서는 공기를 불고, 먼지를 모으기 위해서는 공기를 빨아들여야 한다. 먼지는 매우 가벼워 바람과 함께 사라지기 때문이다. 진공청소기는 공기 흐름을 효율적으로 제어하여 흩어진 먼지를 손쉽게 모은다. 반면 액체가 굳어서 생긴 얼룩은 주로 물기를 이용하여 닦아낸다. 오염 물질과 쉽게 결합하며 유동성까지 갖춘 물의 특성 덕분에 가능한 일이다. 이처럼 청소는 공기와 물 등 흐르는 것들을 매개체로 하여 오염원을 제거하는 과학적 작업이다. 그 원리를 파악하고 기술을 이해하기 위해 '흐름의 과학'인 유체역학 관점에서 살펴볼 필요가 있다.

우리가 매일 무심코 하는 청소 속에는 유체역학 외에도 다양한 과학적 메커니즘이 숨어 있다. 이물질을 씻어 내는 세제는 화학 반응을 이용한 물질이며, 바이러스와 곰팡이를 제거하고 살균하는 데에는 생물학이 활용된다. 또한 기름때 제거는 계면에서 일어나는 물리적, 화학적 현상을 연구하는 표면

과학의 영역이며, 미세 먼지의 발생과 확산은 전 지구적 차원의 대기과학 분야를 기반으로 연구되고 있다.

이 책은 우리가 일상에서 당연하게 여기는 청소라는 행위가 단순한 노동이 아니라 과학과 기술의 정교한 원리에 의해 이루어진다는 점을 다양한 관점에서 탐구한다. 창문을 닦을 때의 표면장력과 마찰력, 주방에서 기름때를 제거하는 계면활성제의 작용, 욕실에서 곰팡이를 없애기 위한 산화 반응 등 청소 과정 속에는 물리학과 화학의 핵심적인 법칙들이 숨어 있다. 이러한 원리들을 이해하면 더 효율적이고 체계적인 청소 방법을 적용할 수 있을 뿐만 아니라 청소라는 행위를 보다 깊이 있는 시각으로 바라볼 수 있다.

청소는 개인의 생활 공간을 깨끗이 하는 것을 넘어 우리가 살아가는 환경 전체를 관리하는 중요한 개념으로 확장된다. 지역 사회는 쾌적한 생활을 유지하기 위해 도로와 건물의 지속적인 정비가 필요하며, 해양에서는 방대한 쓰레기 더미를 정리해야 하고 더 나아가 우주에서는 인공위성과 우주 쓰레기 문제를 해결해야 한다. 청소는 이제 더 이상 사소한 일상적 행위가 아니라 지속 가능한 환경을 만들기 위한 필수적인 과학 기술이자 사회적 과제가 되었다.

이 책에서는 집안 청소의 기초적인 원리부터 시작하여 도시, 산과 바다 그리고 우주에 이르기까지 청소의 범위를 확장하며, 과학과 기술의 발전 속에서 청소가 어떻게 변화해 왔는지를 살펴볼 것이다. 또한 미래에는 청소가 점점 더 자동화되고 환경 친화적인 방향으로 나아갈 것이라는 전망을 함께 논의할 예정이다.

이 책은 앞서 출간한 일상 속 유체역학 시리즈인 『커피 얼룩의 비밀』, 『이렇게 흘러가는 세상』, 『개와 고양이의 물 마시는 법』, 『흐르는 것들의 역사』를 잇는 다섯 번째 책이다. 이 시리즈를 통해 우리는 주변에서 흔히 접하는 현상들이 유체역학의 원리로 설명될 수 있음을 살펴보았으며, 이번에는 청소라는 일상적 행위를 과학의 시각으로 조명하고자 한다.

매일 같이 행하는 청소는 사소해 보일 수 있지만 우리의 삶에 깊은 영향을 미친다. 신체적으로는 위생과 건강을 유지하는 데 필수적이며, 정신적으로는 마음가짐을 다잡는 숭고한 행위이기도 하다. 또한 청소는 쾌적한 환경을 만들어 궁극적으로 삶의 질을 향상시키는 가장 간단하면서도 효과적인 방법이다. 일본의 정리 컨설턴트 마리 콘도 Marie Kondo 는 청소의 목적이 단순히 공간을 깨끗하게 만드는 것이 아니라 그 환경에서 행복을 느끼기 위함이라고 말한다. 청소는 공간을 변화시키고, 그 공간은 생각을 변화시키며, 생각은 결국 우리의 인생을 바꾸는 힘을 지닌다.

"세상의 끝없는 혼돈 속에서,
청소는 우리가 잠시나마 질서를 창조하는 기회다."

차례

들어가며   4

청소하는 인간 — 혼돈 속에 질서를 세우는 존재

청소의 언어   15
삶을 변화시키는 힘, 청소력   17
끝없는 순환의 일부   19
본능인가, 학습인가?   22
아우게이아스의 외양간 청소   24
생존에서 공중 보건으로   26
외주화와 전문화   31

집안에서 시작되는 청소의 과학 — 나를 위한 정돈

환기   37
청소의 첫 걸음, 환기   39
환기의 역사   42
자연 환기와 기계 환기   46
해인사 장경판전 보존의 비밀   50
특수 공간의 환기   53
환기의 미래   57

창문   61
투명함을 채운 유리창   63
세정제보다 강력한 신문지   66
스티커 제거제   68
마천루와 창문 청소의 역사   71
하늘을 닦는 기술   74
창문틀 청소   78

거실   83
집의 얼굴, 거실의 위생학   85

빗자루와 쓰레받기의 과학	87
모세관 현상부터 정전기까지, 걸레질의 원리	93
휴지통의 과학	97
선풍기 날개의 먼지	101
먼지를 삼키는 강력한 포식자, 진공청소기	109
소리로 먼지를 치우다	118
로봇과 만난 청소기	124

침실과 옷방	**131**
먼지의 여행	133
먼지가 사라진 공간, 청정실	138
스팀 청소의 원리와 과학적 메커니즘	146
습기를 다스리는 과학	151
털을 붙잡는 정전기	154
먼지는 유해하기만 할까?	158

주방	**163**
기름때 vs. 물때	165
기름, 꿀 등 점성이 청소에 미치는 영향	168
광택의 미학과 과학	170
물티슈, 편리함과 환경 사이	174
버려진 맛의 종착지	179
배관을 따라 흐르는 과학	184

화장실	**189**
강력한 살균제의 탄생	191
악취와의 전쟁	195
액체를 미세한 입자로 바꾸는 분무기	200
빛나는 타일의 숨은 비결	205
섬세한 거울 관리	208
화장지의 과학	212
티슈 vs. 두루마리	220
고마운 변기의 물리학	222

집 밖으로 나온 청소의 과학 — 지구를 위한 정돈

도시 청소 — 231
- 보이지 않는 살인자 — 233
- 미세 먼지는 어떻게 측정할까? — 234
- 바람이 흐르는 도시 — 238
- 도로를 닦는 사람들 — 242
- 제설의 과학 — 246
- 쓰레기 소각장과 열 수송관 — 254
- 쓰레기 수출입 — 260

자연 청소 — 263
- 산을 닦는 사람들 — 265
- 바다를 지키는 과학 — 268
- 쓰레기 섬 — 271
- 해양 기름 유출 — 274
- 녹조 청소 로봇 — 277
- 핵폐기물 처리 — 279
- 지구 너머 우주를 청소하다 — 281

청소의 미래 — 예술과 기술 사이

- 업사이클링 아트 — 293
- 기술이 이끄는 미래의 청소 — 297
- 청소의 사회문화적 진화 — 301

맺으며 — 304
참고 문헌 — 306

청소하는 인간
—
혼돈 속에
질서를 세우는 존재

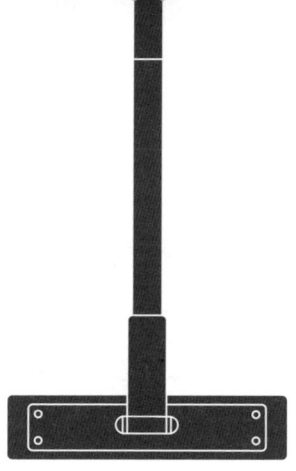

청소의 언어

 세상 일 대부분은 양면성을 가진다. 운전은 이동을 위한 고달픈 행위이면서 동시에 드라이브라는 낭만으로 여겨지기도 한다. 아이쇼핑은 어떠한가? 누군가에게는 설레는 취미 활동이지만 다른 누군가에게는 그저 헛고생에 불과하다. 이 책을 읽는 시간도 억지로 하는 공부가 아닌, 기꺼이 즐기는 마음의 양식이길 바랄 뿐이다. 청소 역시 대다수의 사람들에게는 귀찮고 성가신 가사지만 축복 받은 소수의 사람들에게는 마음의 평온을 찾는 힐링의 과정이다.
 심리적, 사회적 맥락에서 다양한 해석을 지니는 청소도 사전적 정의와 언어의 역사 속에서는 비교적 명확하게 정의되어 왔다. 청소의 사전적 의미는 더럽거나 어지러운 것을 쓸고 닦아 깨끗하게 만드는 행위다. 한자로는 淸(맑을 청), 掃(쓸 소)를 쓰는데, 이를 거꾸로 한 소청(掃淸) 역시 같은 뜻을 가진다. 1939년 2월 18일자 조선일보에는 "道路掃淸(도로소청)에 注力(주력) 衛生(위생)과 觀光(관광)의 見地(견지)로"라는 제목의 기사가 실렸다. 이처럼 오래 전에는 소청이 청소와 완전히 같은 의미로 사용되기도 하였다. 하지만 가출(家出)과 출가(出家)의 용법이 다르듯 요즘은 청소와 소청도 약간의 차이가 있다. 지금은 사실상 사어(死語)에 가까운 소청은 마치 소탕처럼 불순한 무언가를 치운다는 의미로 가끔 사용된다.[1]

청소를 뜻하는 영어 단어로는 clean이 가장 널리 사용된다. 고대 영어 clǣne, 중세 영어 clene 또는 clane에서 비롯된 clean은 형용사로는 '더럽지 않은 상태'를, 동사로는 '깨끗하게 만들다'라는 의미를 가진다. 현대에는 clean 외에도 vacuum(진공)을 동사처럼 널리 쓰는데, 가정 청소의 중심 도구가 진공청소기이다 보니 자연스럽게 그 이름이 '청소하다'라는 뜻으로 확장된 것이다. 원래 '머리를 감다'라는 동사에서 제품명을 가리키는 명사로 의미가 넓어진 shampoo와는 반대의 경우이지만, 두 경우 모두 일상 도구가 언어의 의미를 바꾸어 놓은 흥미로운 사례다.

삶을 변화시키는 힘, 청소력

청소라는 단어가 언어 속에서 다양한 의미로 확장되어 왔듯이 실제 삶에서도 청소는 일상 행위를 넘어 특별한 힘으로 해석되기도 한다. 청소는 그 행위를 통해 무언가를 변화시킨다는 관점에서 힘의 영역으로 의미가 확대되는 것이다. 청소 하나로 인생을 바꾸었다는 일본의 기업 환경 컨설턴트 마스다 미츠히로 Mitsuhiro Masuda는 '청소력'이라는 개념을 제시하였다. 청소만으로 주변 환경을 변화시키고 인생을 바꾸며, 결과적으로 세상을 움직일 수 있는 힘을 강조한 것이다. 캐나다의 임상심리학자 조던 피터슨 Jordan Peterson 역시 비슷한 주장을 하였다. 청소는 물리적인 공간을 정리하는 것뿐만 아니라 자신의 삶과 행동에 대한 책임을 지는 것이라 의미를 부여하였다.

즉, 청소가 자신의 삶을 통제하기 위한 첫 번째 단계라는 것이다. 이는 청소가 물리적 행위를 넘어 정신적 균형을 유지하는 데 중요한 역할을 함을 시사한다. 메이저리그 야구 선수 오타니 쇼헤이 Ohtani Shohei는 땅에 쓰레기가 보일 때마다 꼭 주우며, 이를 "다른 사람이 버린 운을 줍는 것이라 여긴다"고 한다. 다소 거창한 의미 부여처럼 여겨지기도 하지만 단순한 미신을 넘어 마음가짐의 문제로 볼 수 있다.[2]

이처럼 청소는 개인의 내면 상태를 반영하는 중요한 활동이다. 몇몇 사람들은 청소를 통해 불안이나 스트레스를 해소하고 심리적 안정감을 찾는다. 깨끗한 공간은 정신적으로 여유와 평온을 제공하며, 이를 통해 삶의 통제감을 회복하는 데 도움을 주기 때문이다. 특히 미니멀리즘을 추구하는 현대의 생활 방식에서는 청소와 정리가 정신 건강을 지탱하는 핵심 요소가 된다. 필요 없는 것을 비워내고 공간을 다듬는 경험은 자연스럽게 마음을 정리하고 치유하는 과정으로 연결된다.

한편 스웨덴에는 데스태드닝 döstädning 이라는 문화가 있는데, 죽음 death 과 청소 cleaning 를 합친 조어다. 여기에는 살아 있는 동안 불필요한 물건을 정리함으로써 죽음 이후 남겨진 이들의 부담을 덜어주려는 철학이 담겨 있다. 이러한 죽음의 청소는 단순히 물건을 정리하는 실천을 넘어 남은 생을 어떻게 살아갈 것인가를 성찰하게 하는 삶의 철학으로 받아들여진다. 청소는 이처럼 일상의 사소한 행위에서 출발해, 궁극적으로는 존재의 의미와 삶의 태도까지 비춰주는 거울이 될 수 있다.[3]

끝없는 순환의 일부

 앞서 이야기한 청소가 개인의 삶을 정리하고 치유하는 힘이라면 문명 차원에서 청소는 쓰레기와의 끝없는 싸움이었다. 18세기 산업 혁명 이후 폭발적인 물품 생산에 비례하여 전례 없는 쓰레기가 발생하였다. 일본의 소설가 온다 리쿠 Onda Riku는 소설 『삼월은 붉은 구렁을』에서 "청소를 조금이라도 게을리하면 문명은 금세 쓰레기에 파묻혀버린다"고 하였다. 문명이 발전할수록 쓰레기 양이 더 빨리 증가하여 아무리 열심히 치워도 이길 수 없는 싸움을 하는 셈이다. 그 결과 사막, 에베레스트, 심해, 심지어 우주 같은 생명이 살기 힘든 극한 환경에도 쓰레기는 여지없이 존재한다. 일부러 의도한 것은 아니지만 쓰레기의 존재는 마치 인류가 지나간 흔적처럼 되었고 극단적으로 이야기하면 인간의 숭고한 삶의 결과물이 쓰레기라는 아이러니까지 발생하였다.
 과학의 관점에서 우주 만물은 순환한다. 지구상의 물이 끊임없이 순환하듯 우리 몸을 이루는 원자의 일부 역시 지금 이 순간에도 어디론가 이동 중이다. 지금까지 그리고 앞으로도 모든 물질은 사라지지 않고 형태만 바뀔 뿐이다. 다시 말하면 쓰레기도 사라지지 않는다. 다만 우리의 눈길이 닿지 않는 곳으로 이동하거나 분해되어 다른 모습을 가질 뿐이고 그 과정을 인간의 관점에서 바라본 것이 바로 청소다. 결국 청소는 공간을 정리하는 행위에 그치지 않고 우리 주변과 환경을 다시 정돈하고 순환 과정의 한 부분을 담당하는 일이다. 쓰레기가 완전히 사라지지 않고 형태를 바꿔 계속 존재하듯이 청소 역시 완결된 일이 아니라 반복되는 과정의 일부로 볼 수 있다.

따라서 청소는 결과가 아닌 과정에 더 많은 의미를 부여하기도 한다. 1999년 4월 서울에서 열린 '범시민 대청소'는 청소가 과정이라는 사실을 여실히 보여준 사례로 남아있다. 당시 서울시장, 종로구청장 등이 참석한 봄맞이 대청소를 앞두고 행사에 치울 쓰레기를 남겨둬야 한다는 이유로 당일 새벽 청소가 취소되었다. 이로 인해 환경 미화원의 청소 업무가 오히려 지연되고 뒤처리에 소요된 작업 시간은 더욱 늘어나는 아이러니한 상황이 발생하였다.[4]

인간은 대체로 이미 깨끗한 것보다 깨끗해지는 것을 볼 때 희열을 느낀다. 심지어 도를 닦는 마음으로 바닥을 닦는다는 '청소 수도자'도 존재한다. 하지만 정점에 올라 목표를 달성하면 내리막만 있을 뿐이고 완벽히 깨끗해진 공간은 이제 더러워질 일만 남았을 뿐이다.[5]

결국 청소는 단순 노동을 넘어 삶과 문명의 축소판이라 할 수 있다. 개인의 마음을 다스리는 도구이자 인류가 남긴 흔적을 정리하는 수단이며, 동시에 끝없이 이어지는 순환의 일부다. 완벽하게 마무리된 청소란 존재하지 않는다. 다만 다시 더러워지고 또 정리하는 과정을 반복하며, 그 속에서 우리는 질서를 회복하고 삶의 의미를 새롭게 발견한다.

본능인가, 학습인가?

그렇다면 우리는 왜 이렇게 끊임없이 청소를 하고 청결을 갈망하는 것일까? 청결에 대한 욕망은 타고난 본능일까? 아니면 학습된 것일까? 진화생물학에 따르면 과거 위생 관념이 철저한 동물은 주로 살아남고 그렇지 못한 개체는 병원균에 의한 질병으로부터 스스로를 지키지 못하고 도태되었다. 감염병이 만연하던 환경 속에서 스스로를 청결하게 유지할 수 있었던 개체들이 생존 경쟁에서 유리한 위치를 점했고, 이는 후대로 유전적 특성이 이어지게 만들었다. 그 과정을 거치면서 인간은 본능적으로 병균을 피하려는 경향을 갖게 되었다.

인간뿐 아니라 동물 역시 청결을 유지하려는 습관을 가지고 있다. 강아지가 발사탕이라 부를 정도로 발을 자주 핥는다든가 고양이가 털에 묻은 이물질을 제거하는 그루밍 grooming 의 목적 중 하나도 깨끗한 상태를 지키기 위함이다. 이는 외부 기생충이나 세균으로부터 자신을 보호하는 중요한 생존 전략 중 하나다.

한편 청결 유지를 통해 질병을 예방하려는 인간의 노력은 사회적 규범에 따라 오랜 시간에 걸쳐 학습되기도 하였다. 특히 19세기 중반 프랑스 생화학자 루이 파스퇴르 Louis Pasteur 의 미생물학 연구는 위생 개념에 혁명적인 변화를 가져왔다. 파스퇴르는 미생물이 질병을 유발한다는 세균 이론 germ theory 을 입증하면서 깨끗한 환경을 유지하는 것이 건강을 지키는 핵심 요소임을 밝혀냈다. 이후 손씻기, 목욕, 공간 소독과 같은 위생 관념이 점차 확립되었으며, 청결은 사회적 규범으로 자리 잡게 되었다.

이처럼 청결에 대한 욕망은 본능과 학습이 결합된 결과라 할 수 있다. 이는 병균으로부터 몸을 지키려는 생존 전략에서 출발했지만 역사 속에서 과학적 발견과 사회 규범을 통해 더욱 확장되었다. 오늘날 청결은 위생의 차원을 넘어 건강, 관계, 심리적 안정, 나아가 삶의 질을 가늠하는 척도로 자리 잡았다. 다시 말해 청소와 청결은 생존을 위한 필요에서 비롯되었으나 시간이 흐르면서 인간이 더 나은 삶을 꾸려가기 위한 중요한 문화적, 정신적 토대가 된 것이다.

아우게이아스의 외양간 청소

청결에 대한 인식은 근대 과학의 산물만이 아니라 고대 신화와 전승 속에서도 그 흔적을 찾을 수 있다. 그리스 신화 속 헤라클레스의 외양간 청소 과업은 예로부터 청결이 사회에서 얼마나 중요한 역할을 했는지를 상징적으로 보여준다. 헤라클레스가 수행한 열두 가지 과업 Labours of Hercules은 그가 저지른 실수를 속죄하고 신들의 인정을 받기 위한 일련의 시험이었다. 이 과업들은 미케네의 왕 에우리스테우스에 의해 부여되었으며, 그중 다섯 번째 과업이 아우게이아스의 외양간 청소였다. 엘리스의 왕 아우게이아스는 엄청난 수의 가축을 보유하고 있었지만 수십 년간 치워지지 않은 배설물로 인해 외양간은 심각하게 오염되었다. 위생 상태가 나빠지면 질병이 퍼지고 사회가 혼란에 빠질 수 있었기 때문에 깨끗한 환경을 유지하는 것은 공동체의 생존과 직결되었다.

이 문제를 해결하기 위해 헤라클레스는 알페이오스 강과 페네이오스 강의 물줄기를 돌려 외양간을 한 번에 청소하는 기발한 전략을 사용했다. 이 사건은 청결이 공동체의 건강과 안녕을 지탱하는 필수 요소로서 과거부터 현대에 이르기까지 변함없이 중요한 가치였음을 보여준다. 고대의 다른 신화에서도 정화의 모티프는 반복된다. 구약성서에 등장하는 '노아의

헤라클레스는 강물의 흐름을 바꿔 단숨에 아우게이아스의 외양간을 청소하였다.

홍수'는 혼란과 타락으로 가득 찬 세상을 물로 씻어내고 새 질서를 여는 이야기이며, 북유럽 신화의 라그나로크 역시 파괴와 홍수 뒤에 다시 맑고 비옥한 세계가 태어난다고 전한다. 이러한 서사들은 오염과 혼란이 쌓이면 결국 공동체 전체가 영향을 받을 수밖에 없다는 오래된 직관을 반영한다.

이처럼 각 문화권의 신화는 시대와 지역을 초월해 '정화되지 않은 오염은 결국 감당할 수 없는 문제로 돌아온다'는 메시지를 공유한다. 헤라클레스의 외양간 청소부터 노아의 홍수, 라그나로크 이후의 재건까지, 청소와 정화는 늘 혼란을 넘어 새로운 질서를 여는 상징적 행위로 그려져 왔다.

생존에서 공중 보건으로

　신화가 청결의 상징적 의미를 보여주었다면 인류의 실제 역사 속에서도 청소는 생존을 위한 본능적 행동으로 자리 잡았다. 원시 시대의 청소 개념은 오늘날처럼 위생과 미관을 고려한 행위라기보다, 생존을 위한 필수적인 행동에서 비롯되었다. 초기 인류는 자신과 가족을 포식자와 질병으로부터 보호하기 위해 생활 환경을 깨끗하게 유지하려는 본능적인 습성을 가지고 있었다. 특히 거주지를 오염 물질 없이 깨끗하게 유지하는 것은 안전한 생활을 보장하는 중요한 전략 중 하나였다.
　당시 인류는 동굴이나 초목으로 지은 임시 거처에서 생활했으며, 이 공간을 최대한 청결하게 유지하려 했다. 이를 위해 나뭇가지, 잎사귀, 돌 같은 자연의 재료를 이용하여 주변의 쓰레기와 오물을 제거하거나 덮어두었다. 그리고 음식을 섭취한 후 남은 찌꺼기, 동물의 뼈, 가죽 등은 거주지에서 멀리 떨어진 곳에 버리거나 땅에 묻어 해로운 곤충이나 포식 동물이 접근하지 못하도록 하였다. 이는 위생과 생태적 균형을 고려한 실천적 행동이라 할 수 있다.
　이 시기에는 오늘날처럼 인공 쓰레기가 존재하지 않았으며, 주로 식량의 찌꺼기와 자연에서 나온 부산물이 주요한 폐기물이었다. 이러한 유기물 쓰레기는 시간이 지나면 자연적으로 분해되었기 때문에 환경 오염의 개념이 희박했다. 하지만 원시 인류는 본능적으로 음식 찌꺼기나 쓰레기를 방치하면 질병과 위험 요소가 증가할 수 있음을 인지하고 있었으며 이를 효과적으로 처리하는 방법을 터득해 나갔다.

결국 원시 시대의 청소 개념은 생존을 위한 필수적인 전략으로 자리 잡았으며, 이는 시간이 지나면서 점차 체계적인 위생 관리로 발전하는 기반이 되었다. 이러한 흐름은 메소포타미아, 이집트, 그리스, 로마 등 고대 문명에서 공중 위생 개념의 탄생으로 이어지며, 청결을 유지하려는 노력이 개인을 넘어 사회 전체로 확장되는 계기가 되었다.

로마에서는 하수도와 공공 목욕탕이 건설되었는데, 이는 도시 전체의 청결을 유지하기 위한 중요한 시스템이었다. 고대 로마에는 클로아카 막시마 Cloaca Maxima 라는 대규모 하수도가 존재하였다. 이는 세계에서 가장 오래된 하수도 중 하나로, 로마의 도시 생활을 유지하는 데 중요한 역할을 하였다. 당시 하수도 청소부들은 악취와 위험 속에서 하수구를 관리하는 임무를 맡았고, 이들의 작업은 도시의 위생을 유지하는 데 필수적이었다.

로마뿐 아니라 이집트에서는 다양한 세정용 기구와 물을 이용한 청소가 행해졌으며, 목욕 역시 중요한 청결 행위로 간주되었다. 목욕은 깨끗함과 순수함을 상징하는 신성한 행위로 여겨지며, 종교적이고 사회적 의미를 지녔다. 특히 신들을 기리는 행사나 의례에서 목욕은 필수적인 과정 중 하나였다. 예를 들어 해를 의인화한 라 Ra 신의 사제들은 매일 아침 해에 대한 경의를 표하기 위해 목욕을 철저히 하였다. 그뿐만 아니라 신전과 무덤을 정기적으로 청소하는 전담 인력이 있었으며, 파피루스 문서에는 위생과 관련된 규정이 기록되어 있을 정도였다.

중세 유럽에서는 로마 제국 붕괴 이후 도시 인프라가 무너지면서 공중위생 상태가 급격히 악화되었다. 특히 대도시에서는 쓰레기와 오물이 거리와 하수도를 오염시키며 전염병 확산의 원인이 되었다. 14세기 중반 유럽을 휩쓴 흑사병 Black Death 은 이러한 열악한 위생 환경이 질병 확산에 큰 영향을 미쳤음을 보여주는 대표적인 사례로, 수천만 명의 목숨을 앗아가며 인류 역사상 최악의 전염병으로 기록되었다. 이로 인해 공중보건의 중요성이 재인식되었고, 중세 말기에 접어들면서 일부 도시에서는 거리 청소와 쓰레기 처리 규칙을 마련하는 등 위생 관리의 필요성이 점차 제도화되기 시작했다.

18세기 산업 혁명으로 도시의 인구 밀집화가 가속되며 쓰레기 배출량은 사용하는 에너지만큼이나 폭발적으로 증가했다. 문명 발전에 따른 물질적 풍요는 막대한 쓰레기를 동반하였다. 궁핍했던 시절에는 재사용되었을 물품들이 가차없이 버려졌다. 결국 시민들이 마구 버려 길거리에 방치된 쓰레기와 오물, 오수로 시내는 아수라장이 되었고 사람들의 건강은 악화되었다.

유럽 각국은 넘쳐나는 쓰레기 문제를 해결하기 위해 다양한 노력을 기울였다. '해가 지지 않는 나라' 대영제국은 1848년 노동 인구의 위생 상태에 대한 보고서와 권고 사항을 바탕으로 세계 최초의 공중 보건법을 제정하였다. 프랑스 파리에서는 시민들이 말을 이용하여 대대적인 거리 청소와 오물 수거에 나섰다. 1883년에는 건물 소유주는 의무적으로 각 건물 앞에 3개의 전용 쓰레기통을 배치하도록 하는 법령이 제정되었다. 3개의 쓰레기통은 각각 음식물 쓰레기용, 종이와 헝겊용, 유리와 도자기용으로 나름의 분리 수거 개념을 적용한 것이다. 쓰레기통은 주기적으로 마차로 회수되었으며, 제1차 세계대전 이후 마차는 덤프트럭으로 발전하였다.[6]

1968년 미국 뉴욕시 환경미화원 파업은 청소가 단순한 노동이 아니라 도시 기능을 유지하는 필수 요소임을 보여준 대표적인 사례다. 단 9일간 쓰레기 수거가 중단되었을 뿐이지만 뉴욕 거리는 순식간에 10만 톤 이상의 쓰레기로 뒤덮이며 심각한 공중위생 문제를 초래했다. 악취와 오염, 해충 증가로 시민들의 불만이 폭발했고 이는 도시 환경 관리의 중요성을 재확인하는 계기가 되었다. 이 사건을 통해 깨끗한 환경을 유지

1968년 뉴욕시 환경미화원 파업으로 거리에 쓰레기가 넘쳐났다.

하는 것이 미관을 가꾸는 수준을 넘어 공중보건과 직결되며 청소 노동자들의 역할이 필수적임이 입증되었다. 결국 도시는 쓰레기를 관리할 수 있는 체계적인 시스템을 갖추어야 하며, 환경 미화는 일상적인 업무가 아니라 사회를 건강하고 안전하게 유지하는 핵심 공공 서비스임을 일깨운 사건이었다.

외주화와 전문화

　앞에서 살펴본 것처럼 청소는 원시적 생존 전략에서 출발해 고대 도시의 하수도와 목욕 문화, 중세의 전염병 대응, 근대 공중 보건 체계의 확립을 거치며 점차 사회 전체가 유지해야 하는 공공의 책무로 확대되었다. 청결과 위생은 개인의 습관을 넘어 공동체의 안전과 직결되는 사회적 가치로 자리 잡았고, 이러한 흐름은 한국에서도 해방 이후 도시 정비와 새마을운동, 1990년대 종량제 도입을 거치며 더욱 뚜렷해졌다. '깨끗한 환경이 곧 발전'이라는 인식은 도시와 농촌을 막론하고 사회 전반에 확산되었고, 청결 유지가 공동체 전체의 책임이라는 사회적 합의가 자연스럽게 형성되었다.

　이러한 변화는 결국 가정 내 청소 인식에도 영향을 미쳤다. 이제 청소는 단순히 가족 내부의 몫이 아니라 보다 효율적이고 전문적인 관리가 요구되는 영역으로 인식되기 시작했다. 공동체 차원의 청소가 사회적 규범으로 자리 잡은 것과 마찬가지로 가정에서도 청소에 대한 인식은 시대와 생활 방식의 변화에 따라 서서히 달라졌다. 과거 집안 청소는 오랫동안 전통적인 성 역할의 연장선에서 이해되었고, 특히 주부의 기본적 의무로 간주되었다. 청소는 가사노동 가운데 가장 기본적이면서도 눈에 잘 띄지 않는 일로 자리 잡았기 때문에 가정 외부로부터는 노동의 가치나 전문성이 충분히 인정받지 못했다.

하지만 1990년대 초반 들어 맞벌이 가정이 증가하고 가족 구조가 변화하면서 집안일의 부담이 한 사람에게 집중되기 어려워졌고, 이에 따라 가정 청소의 외주화가 본격적으로 이루어지기 시작했다. 이 시기 등장한 청소 대행 업체는 일정 비용을 지불하고 전문 인력에게 집안 관리를 맡기는 새로운 방식을 제시했는데, 생활 수준의 향상과 함께 이러한 서비스는 점차 대중화되며 안정적인 시장을 형성해갔다.

초기 청소 대행 서비스는 고급으로 인식되었으며, 가격도 상당히 높은 수준이었다. 1990년대 초반 청소 대행 가격은 평당 5,000원 수준으로 책정되었으며, 이는 당시 일반 서민들에게는 부담스러운 비용이었다. 그럼에도 불구하고 생활 수준의 향상과 함께 깨끗한 주거 환경에 대한 관심이 증가하면서 청소 시장은 빠르게 성장하였다.[7]

21세기에 접어들면서 청소 산업은 더욱 체계화 및 전문화되기 시작했다. 2000년대 초반, 한국청소직업전문학원이 설립되면서 청소업 관련 교육이 활성화되었으며, 전문 청소 인력을 양성하는 시스템이 구축되었다. 또한 청소관리대행사 등의 민간 자격증이 도입되어 청소업이 전문 직종으로 자리잡았다. 가정뿐만 아니라 빌딩, 공공기관, 상업 시설 등에서도 청소 서비스의 수요가 증가하면서 건물 위생 관리가 중요한 산업으로 성장하였다. 전문 업체의 등장과 함께 청소가 가사노동을 넘어 체계적 기술과 관리가 요구되는 하나의 산업 분야로 확장된 것이다.

지금까지 청소의 역사를 통해 인류가 혼돈을 정돈하고 생존을 넘어 문명을 지켜온 여정을 살펴보았다. 아우게이아스의 외양간에서 비롯된 청소의 본능은 공중보건의 제도로, 그리고 다시 가정의 일상으로 이어지며 끊임없이 진화해왔다. 이 흐름 속에서 청소는 단순한 노동이 아니라 삶의 질서를 세우고 인간다운 환경을 유지하는 근본적 행위로 자리 잡았다. 이제 거대한 역사적 무대에서 가장 친숙한 공간으로 시선을 옮겨보자.

사회가 산업화되고 청소가 점차 외주화되면서 그 의미는 변했지만 가정 안에서 청소는 여전히 일상의 중심에 있다. 먼지 한 톨, 물때 한 점을 닦아내는 손길 속에는 과학의 원리와 생활의 지혜가 스며 있고, 그 작은 움직임들이 우리의 건강과 안녕을 지탱한다. 이제는 현미경을 들이대듯 집 안 구석구석의 청소 과정을 탐구하며 평범한 행위 속에 숨겨진 정교한 과학적 메커니즘과 문화적 의미를 하나씩 밝혀보고자 한다.

집안에서 시작되는
청소의 과학 —
나를 위한 정돈

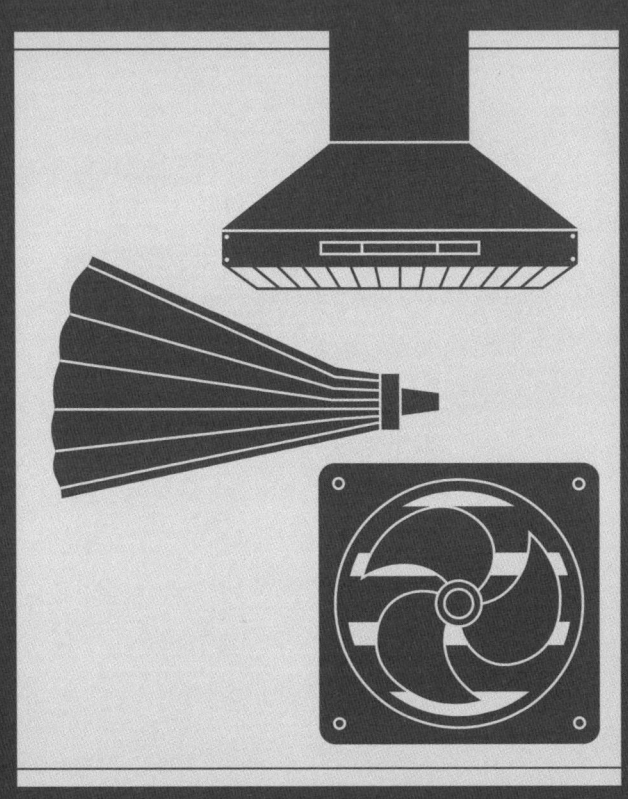

환기

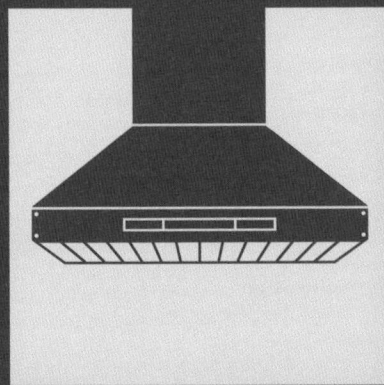

A Field Guide to Cleaning

청소의 첫 걸음, 환기

본격적인 청소에 앞서 가장 먼저 할 일은 창문을 활짝 여는 것이다. 창문은 건축물에서 무척 중요한 의미를 갖는다. 손쉽게 열고 닫을 수 있어 외부와 내부를 긴밀히 연결하는 통로이자 차단막 역할을 한다. 평소 조망과 채광의 기능을 가지고 있으며, 닫았을 때는 단열, 차음, 보안, 열었을 때는 통풍의 역할도 한다. 특히 바람이 통하는 창문 덕분에 실내 공간의 냄새, 먼지, 세균 그리고 호흡으로 발생하는 이산화탄소 등을 밖으로 빼내는 환기 ventilation 가 용이하다. 환기는 글자 그대로 공기를 교환하는 것으로, 내부의 오염된 공기를 밖으로 배출하고 외부의 청정한 공기를 유입하려는 목적을 가진다. 유체역학적으로는 공기를 순환시키는 대류를 형성하고 이를 위한 바람길을 만드는 과정이기도 하다. 또한 환기는 실내 건축 자재나 내장재에서 발생하는 오염 물질로 인한 부작용과 새집 증후군 sick house syndrome 을 완화하는 효과적인 수단이다.

17세기 들어 유리의 대량 생산과 더불어 획기적으로 발전

건물주는 세입자의 창문을 막아버리거나 월세에 창문세를 포함시켰다.

한 창문은 실내 생활의 안락함과 쾌적함을 가져다 주었다. 창문은 실내 환경을 개선하는 동시에 사회적 의미까지 담아내며, 때로는 규제의 대상이 되기도 했다. 심지어 프랑스와 영국에서는 창문을 사치품으로 간주하여 그 개수와 크기에 따라 세금을 부과하는 창문세 window tax가 시행되기도 했다. 당시에는 부유한 집일수록 창문이 많다는 인식이 있었기 때문이다. 이 제도는 창문이 건축적 요소를 넘어 부와 사회적 지위를 드러내는 상징이었음을 보여준다. 일부 가정은 세금을 피하기 위해 창문을 벽돌로 막아버리기도 했는데, 이는 곧 채광과 환기의 질 저하로 이어져 생활 환경에 큰 영향을 미쳤다. 이렇게 볼 때 창문은 빛과 공기를 불러들이는 구조물에 머물지 않고 개인의 삶의 질과 사회적 위상을 동시에 반영하는 중요한 지표였다.[8]

환기의 역사

환기의 개념은 매우 오래 전부터 존재하였다. 고대 주택에도 비록 원시적 형태이지만 환기 시스템이 갖추어져 있었으며, 현대처럼 동력 장치로 팬을 돌려 공기를 강제 순환시킬 수 없던 시절에는 자연적인 방법에 의존해야 했다. 바람이 불기를 기다리거나 뜨거운 열을 발생시켜 공기 밀도 차이에 따른 대류를 활용하는 것이 최선의 방식이었다.

세르비아의 플로치니크 Pločnik 유적지는 기원전 5500~5000년경 유럽에서 가장 이른 시기의 구리 제련 활동이 이루어진 곳으로 독창적인 환기 시스템이 확인된 사례로 주목받는다. 이곳의 제련소에는 용광로뿐만 아니라 공기의 흐름을 조절하기 위한 장치도 마련되어 있었다. 용광로 주변에는 수백 개의 작은 구멍이 뚫린 점토관 형태의 통풍구가 설치되어 외부 공기가 내부로 유입되었고, 그 결과 불길은 더욱 안정적이고 강하게 타올랐다. 동시에 연기는 굴뚝을 통해 배출되어 작업 공간을 오염시키지 않았으며, 이는 효율뿐 아니라 작업자의 안전 확보에도 크게 기여했다. 실제로 당시 인근 지역 제련소들 가운데는 환기 장치 없이 풀무질로만 불을 유지한 경우도 있었는데, 이 경우 작업 환경은 훨씬 더 위험했다. 따라서 플로치니크의 용광로는 고대 사회가 불뿐 아니라 공기의 흐름과 열의 원리를

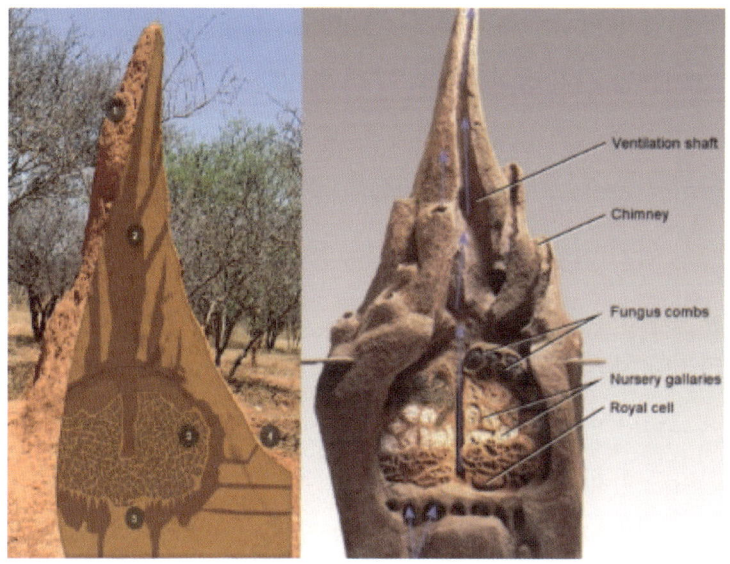

자연 대류로 통풍이 잘 되는 흰개미집의 내부 구조

이해하고 활용했음을 보여주는 중요한 증거라 할 수 있다.

자연에서도 이와 비슷한 원리가 발견된다. 아프리카의 흰개미는 2~5m 높이의 거대한 집을 짓는데, 그 내부에는 정교한 환기 구조가 숨어 있다. 흰개미가 기르는 버섯균은 먹이인 나무와 풀을 분해하는 과정에서 열을 방출하는데, 이 열이 공기를 위로 밀어 올리면 외부 공기가 유입되어 내부 공기가 순환한다. 이렇게 생긴 자연 대류 덕분에 흰개미는 밀폐된 구조물 안에서도 질식하지 않고 건강하게 생활할 수 있다.

한편 용광로가 열기를 활용했다면 그 반대 개념으로 냉기를 이용한 환기 장치도 존재했다. 열기와 냉기 모두 온도 차이에 따라 공기의 흐름, 즉 대류 현상을 만들어낸다는 점에서는 원리가 같다. 무더운 중동권에서는 이러한 원리를 응용한 수냉식 환기 시스템이 발달했는데, 분수나 지하의 공기 통로가 냉각원으로 사용되었으며, 건물은 기후에 맞추어 바람을 일으키거나 차단하도록 설계되었다.

그러나 이러한 자연 냉각 환기 시스템은 기후 조건에 의존한다는 한계가 있어 장기간 대규모로 안정적인 냉방을 제공하기는 어려웠다. 그럼에도 불구하고 바람, 물, 온도 차를 이용해 에너지를 쓰지 않고 냉방을 구현한 점은 놀라운 기술적 성취였다.

적극적인 환기의 개념은 18세기 말과 19세기 초, 정체된 공기가 질병을 퍼뜨린다고 믿은 독기 이론 miasma theory의 유행을 계기로 확산되었다. 'miasma'는 고대 그리스어로 오염을 뜻하는데, 나쁜 공기가 전염병의 원인이라는 이 이론은 훗날 세균 이론으로 대체되었지만 오염된 공기를 제거해야 한다는 인식을 퍼뜨려 위생 개선에 크게 기여했다. 또한 현대 간호학의 창시자 플로렌스 나이팅게일 Florence Nightingale은 1859년 발표한 『병원의 위생에 관한 기록 Notes on Hospitals』에서 병원 내 신선한 공기의 중요성을 강조하였으며, 자연 환기를 통해 환자들의 회복을 돕고 감염병을 예방할 수 있다고 믿었다.

하지만 팬 fan이 개발되기 전까지의 환기 방식은 여전히 단순했다. 건물 내 공기를 빼내기 위해 통풍구 근처에 불을 피우는 방식이 주로 사용되었는데, 증기 기관과 유압 공학에 관심이 많았던 영국의 엔지니어 존 데사굴리에 John Desaguliers는 하원 의사당 지붕의 공기 통로에 불을 붙여 환기를 유도하기도 했다. 한편, 런던 코벤트 가든 극장 Covent Garden Theatre의 가스 연소 샹들리에는 화려한 조명과 분위기를 연출했을 뿐 아니라 부수적으로 자연 환기의 효과도 있었다.

하지만 당시의 가스 조명과 샹들리에는 밝은 조도를 제공하는 대신 화재 위험을 높이는 구조적 한계를 갖고 있었다. 코벤트 가든 극장을 비롯한 많은 공연장이 이런 이유로 잦은 화재에 노출되었고, 안정적인 공기 흐름을 확보하기 위해서는 자연 환기만으로는 충분하지 않았다. 이러한 한계는 결국 기계식 환기, 특히 팬의 등장을 촉진시켰고, 공기 흐름을 인위적으로 만드는 기술은 이후 건물의 안전과 위생을 좌우하는 핵심 요소로 자리 잡았다. 오늘날에도 팬은 실내 공기질 관리의 가장 기본적이고 신뢰할 수 있는 수단으로 널리 활용되고 있다.

자연 환기와 기계 환기

환기는 크게 자연 환기 natural ventilation 와 기계 환기 mechanical ventilation 로 나뉜다. 자연 환기는 특별한 기계 장치 없이 자연적으로 일어나는 공기 흐름을 의미한다. 예를 들어 자연풍에 의한 풍력 환기 wind-driven ventilation, 온도 차이로 발생하는 중력 환기 stack ventilation 가 있다. 풍력 환기는 건물 외부의 바람이 벽면이나 창문에 부딪히면서 생기는 압력 차이를 이용해 실내 공기를 교체하는 방식이다. 별도의 기계 장치 없이도 자연적으로 환기가 이루어져 에너지 효율적이며, 개구부의 위치와 바람의 세기에 크게 영향을 받는다.

반면 중력 환기의 기본 원리는 공기의 밀도 차이다. 겨울철 실내가 외부에 비해 따뜻한 경우, 온도에 따른 밀도 차이로 인해 실내 공기는 가볍고 실외 공기는 무겁다. 이때 무거운 외기는 아래쪽에서 실내로 들어오려 하고 가벼운 실내 공기는 위쪽에서 밖으로 나가려 한다. 이를 연돌 효과 stack effect 또는 굴뚝 효과 chimney effect 라 한다. 공기의 흐름은 기압 차이에 의해 발생하므로 이때 실내와 실외에 압력 구배 pressure gradient, 즉 두 공간의 압력 차이가 생긴다. 이 압력 차이가 커지면 문 양쪽에 작용하는 힘이 달라져 출입문이나 엘리베이터 문이 잘 열리지 않거나 악취가 금방 확산되어 환기에 문제가 발생할 수 있다.[9]

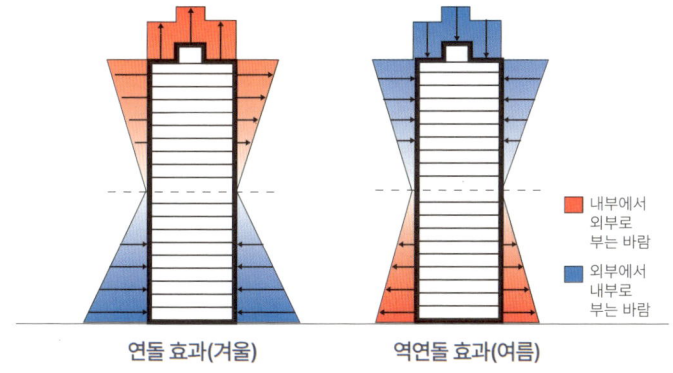

계절의 온도 차이에 따라 연돌 효과는 반대로 나타난다.

자연풍은 꼭 창문을 통해서만 들어오는 것은 아니다. 건물의 벽, 바닥, 천장의 틈 사이를 통하여 외부에서 실내로 들어오는 바람을 극간풍 infiltration 이라 한다. '바늘 구멍으로 황소바람 들어온다'는 속담처럼 바람은 매우 미세한 틈으로 언제든지 침투한다. 이 바람의 속도는 꽤 빠른데, 이는 베르누이 정리 Bernoulli's theorem 로 설명된다. 바람이 바깥의 넓은 공간에서 좁은 통로를 지나면 압력 차이가 생기고 속력이 점점 증가하는 원리다. 극간풍은 창문을 열지 않아도 일부 환기 역할을 한다는 장점이 있지만 반대로 의도치 않은 열 손실이 있으므로 냉난방 효율 측면에서는 불리하다.

자연 환기와 달리 기계 환기는 송풍기나 팬 fan 을 이용하여 강제로 공기를 순환한다. 팬은 날개가 빙글빙글 돌아가면서 바람을 만드는 기계 장치로 공기의 유입과 배출에 따라 급기팬 supply fan과 배기팬 exhaust fan으로 나뉜다. 급기팬은 바깥 공기를 실내로 불어 넣으며, 배기팬은 실내 공기를 외부로 끌어내어 환기를 시키는 원리다.

　기계 환기는 급기와 배기 방식에 따라 다시 세 가지로 분류된다. 제1 종 환기법은 급기와 배기 모두 송풍기를 이용하는 방법이다. 이 방법은 설비비가 높지만 급기와 배기가 균형을 이루어 실내와 실외의 압력 차이가 거의 없다. 또한 창문이나 출입문 개폐의 영향이 작아 환기량도 안정적이다. 따라서 영화관 등 넓은 공간이나 지하 건축물에서 널리 사용된다. 제2 종 환기법은 급기는 송풍기로, 배기는 자연적으로 하는 방법이다. 이 방법은 기계로 급기를 하므로 실내 기압이 외부보다 높아 실외로부터 별도의 공기가 거의 유입되지 않는다. 이로 인해 병원 수술실처럼 외부의 오염된 공기가 침투하는 것을 막아야 하는 장소에 적합하다. 제3 종 환기법은 급기는 자연적으로, 배기는 송풍기에 의한 방법이다. 이는 제2 종과 반대로 기계로 배기를 하므로 실내 기압이 외부보다 낮아 실내 공기가 외부로 거의 새어 나가지 않는다. 따라서 주방이나 화장실, 욕실 등에 적용하면 악취가 생활 공간으로 누설되는 것을 방지할 수 있다.[10]

자연 환기와 기계 환기는 각각 장단점을 가지고 있기 때문에 두 가지를 모두 사용하는 혼합 방식 환기 mixed-mode ventilation 도 있다. 자연 환기는 주변 환경에 따라 성능이 크게 달라지기 때문에 환기 수준이 일정하지 않다. 이러한 한계를 보완하기 위해 팬을 이용한 기계 환기 방식으로 부족한 바람을 보충하거나 공기 흐름을 조절한다.

특별하게 먼지가 많은 환경에서는 기계 환기가 바람직하지만 일반적으로 가정에서 청소할 때는 창문만 열어 놓는 자연 환기면 충분하다. 이때 바람이 잘 통하도록 효율적인 바람길을 만들어야 한다. 예를 들어 맞통풍이 가능하도록 반대편 창문이나 문을 함께 열어 대각선 방향으로 공기의 흐름을 원활하게 만들면 더욱 효과적인 환기가 이루어진다. 주행 중인 자동차 내부를 환기할 때 대각선 방향의 창문을 열어야 효율적인 것과 마찬가지다.

해인사 장경판전 보존의 비밀

우리나라도 전통적으로 한옥을 지을 때 바람이 통하는 길을 고려하였다. 여름철 마당의 뜨거운 열기는 위로 상승하고 그 공간은 집 뒤의 산에서 불어오는 서늘한 바람이 채운다. 날이 더울수록 공기 밀도가 낮아져 더 빠르게 상승하고 산바람도 그만큼 더 세진다. 이러한 자연 대류$^{natural\ convection}$로 인해 대청은 늘 시원함을 유지한다. 대청은 방과 방 사이를 연결하는 공간인 동시에 바람 통로인 셈이다. 이처럼 한옥의 바람길은 뜨거운 열기를 식히면서도 환기의 역할도 수행한다.

가옥뿐 아니라 환기가 중요한 또 다른 사례는 국보 제52호이자 1995년 세계문화유산으로 지정된 해인사 장경판전이다. 13세기에 나무로 제작된 팔만대장경을 보관하는 장경판전은 온도와 습도에 무척 민감한데, 조상들의 지혜가 가득 담긴 과학적 설계를 엿볼 수 있는 건축물이다. 우선 가야산을 등지고 서남향으로 배치하여 습기가 많은 동남풍을 차단하고 큰 창을 내어 사시사철 풍부한 일조량을 확보하였다. 또한 건물 앞은 아래 창을 위보다 크게, 뒤쪽은 위 창을 아래보다 크게 만들어 바람이 실내에서 교차하며 충분히 순환하도록 설계하였다.

같은 양의 바람이라도 그 흐름을 어떤 경로로 지나가게

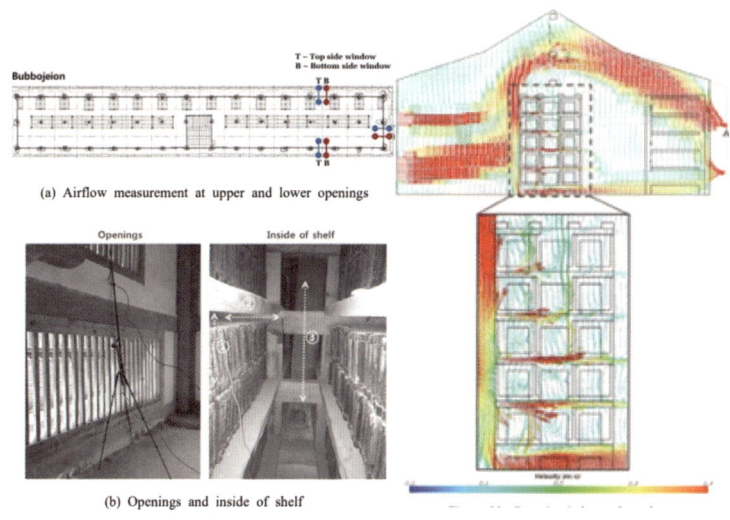

해인사 장경판전의 온습도 측정 장비와 CFD 시뮬레이션(조성민 등, 2017)

하느냐에 따라 환기 효과는 크게 달라진다. 공기 흐름의 양을 늘리는 데에는 한계가 있으니 제한된 유량으로 최고의 효율에 도달하도록 한 것이다. 이외에도 바닥에는 숯, 황토, 화강토 등을 두어 습할 때는 습기를 빨아들이고, 건조할 때는 수분을 내뿜는 원리로 적절한 습도를 유지하였다. 열전도율이 낮은 진흙 기와와 빠른 배수를 위한 넓은 도량도 대장경의 안정적인 보존을 도왔다.

최근에도 장경판전을 오래 보존하기 위한 노력의 일환으로 유체역학적 연구가 지속되고 있다. 습기 억제와 통풍을 유지하기 위해 공기 흐름을 실험과 컴퓨터 시뮬레이션으로 분석한 것이다. 결국 장경판전은 800년 전의 설계가 오늘날에도 여전히 빛을 발하며, 전통 건축과 현대 과학이 함께 만들어낸 살아있는 교과서라 할 수 있다.[11]

특수 공간의 환기

해인사 장경판전처럼 특수 공간에서의 환기는 일반 공간과 다른 형태로 실행된다. 냄새를 많이 유발하는 주방의 경우 에어 커튼air curtain 방식과 코안다Coanda 방식을 활용한다. 에어 커튼은 매우 빠른 공기 흐름인 제트류jet stream로 커튼처럼 막을 만들어 내부 공기의 유출을 차단한다. 특히 식당 주방의 경우 에어 커튼을 이용해 냄새 관리뿐 아니라 해충을 차단하고 일정한 온도를 유지하는 장점도 있다.

반면 코안다 효과는 휘어진 물체 표면으로 유체가 흐를 때, 압력 차이로 인해 유체가 곡면을 따라 흐르는 현상을 의미하며, 루마니아의 유체역학자 헨리 코안다Henri Coanda에서 유래하였다. 이러한 원리를 이용하면 공기가 곡면을 따라 흐르면서 생기는 압력 분포 차이를 활용하여, 주방 안쪽의 오염된 공기를 위쪽 배기구 쪽으로 자연스럽게 끌어올리고, 동시에 외부의 신선한 공기는 아래쪽에서 유입되도록 유도할 수 있다. 그 결과 공기 흐름이 불규칙하게 퍼지지 않고 일정한 방향성을 띠게 되어 냄새 입자가 식당 홀이나 다른 공간으로 확산되는 것을 효과적으로 억제할 수 있다.

이처럼 주방과 같이 특수한 실내 환경에서는 공기 흐름의 제어가 핵심적인 과제가 되며, 이러한 고려는 다중 이용시설인 지하철 객실에서도 동일하게 요구된다. 지하철 객실은 밀폐된 공간 특성상 환기가 쉽지 않지만 「실내공기질 관리법」의 권고 기준을 준수하기 위해 객실마다 4개의 공기질 개선장치가 설치되어 있다. 이 장치들은 팬을 통해 실내 공기를 흡입한 뒤, 1차 필터에서 큰 입자의 미세 먼지를 걸러내고 2차 헤파 필터에서 초미세 먼지까지 제거한다. 동시에 이산화탄소 농도를 관리하여 다중 이용시설에서 흔히 발생하는 호흡기 불편을 예방한다.

외부 공기 유입이 제한적인 지하철 객실은 강제 환기 방식을 통해 공기를 순환시킨다. 천장과 벽면에 설치된 환기 덕트와 팬은 내부의 오염된 공기를 흡입해 필터를 거쳐 배출하거나, 정화된 외부 공기를 다시 공급하는 과정을 반복한다. 이때 공기 흐름은 일정한 방향성을 유지하도록 설계되어, 객실 구석구석까지 신선한 공기가 퍼지고 정체 현상이 발생하지 않도록 한다. 또한 이산화탄소 농도가 높아지거나 초미세 먼지 농도가 일정 기준을 초과하면 센서가 이를 감지해 환기 장치의 풍량을 자동으로 조절한다.

즉, 지하철 환기는 미세 먼지를 거를뿐더러 오염 물질을 희석, 배출하고 신선한 공기를 균일하게 분포시키는 방식으로 운영된다. 이를 통해 승객 밀도가 높은 환경에서도 안정적인 실내 공기질을 유지할 수 있으며, 보다 쾌적하고 안전한 이동

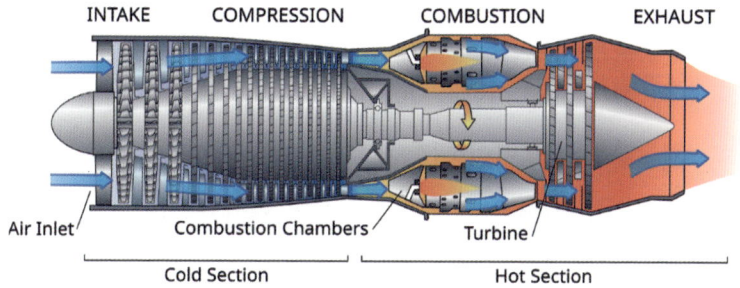

흡입한 공기를 압축, 연소시킨 후 고속으로 배출하여 추진력을 얻는 제트 엔진

환경을 제공한다.

또 다른 특수 공간인 비행기의 환기 역시 여압 pressurization 시스템이라는 독특한 방식으로 이루어진다. 여압은 항공기가 고도가 높아 외부 기압이 낮아진 상태에서 비행할 때, 기내에 공기를 주입해 압력을 높여 지상과 유사한 기압을 유지하는 것을 말한다. 만일 기압이 낮으면 산소 부족 등의 이유로 의식을 잃을 수도 있기 때문이다.

항공기의 제트 엔진은 외부 공기를 빨아들이고 압축기를 거친 공기는 약 200°C의 고온, 고압 상태가 된다. 이 과정에서 공기는 자연스레 멸균 상태가 되며 그 공기의 일부를 기내에 공급하는데, 이를 추출 공기 bleed air 라 한다. 고온의 추출 공기는 오존 정화 장치와 냉각 장치를 지나며 적당한 온도로 식는다. 이러한 과정을 거쳐 객실로 유입된 공기는 승객이 편히 호흡할 수 있는 적정 기압을 형성한다. 반대로 기내의 기압이 높을 때는 항공기 후면의 배출 밸브를 통해 공기를 내보내서 객실 압력을 조절한다. 이처럼 항공기의 환기와 여압 시스템은 쾌적한 환경을 제공하는 차원을 넘어 높은 고도에서 생명을 유지하기 위한 필수 안전 장치라 할 수 있다. 승객이 지상과 유사한 환경에서 호흡하고 이동할 수 있는 것도 이러한 정교한 공기 제어 기술 덕분이다.[12]

환기의 미래

비행기처럼 극한 조건에서 정교하게 제어되는 환기 기술은 우리의 일상 공간인 건축 환경에서도 점점 더 큰 비중을 차지하게 되었으며, 나아가 탄소중립과 스마트 빌딩 시대를 준비하는 핵심 기술로 발전해 가고 있다. 2020년부터 환기 시설의 의무 설치 기준이 100가구 이상 공동주택에서 30가구 이상으로 확대되면서 제도적 기반이 강화되었고, 여기에 코로나19와 미세 먼지 문제까지 맞물리며 위생적이고 효과적인 환기에 대한 수요가 크게 증가하였다. 이러한 흐름에 발맞추어 공기 중 바이러스와 부유 세균을 포집 및 사멸시킬 수 있는 고성능 필터 기술이 도입되는 등 환기 시스템은 건강과 안전을 지키는 핵심 설비로 자리매김하고 있다.

기존의 자연 환기는 필연적으로 열손실을 동반한다. 이는 열전달 방정식과 확산 방정식이 동일한 수학적 형태를 지니며, 그에 따른 물리 법칙 또한 유사하다는 점으로 설명할 수 있다. 이처럼 환기는 실내 공기질 확보와 에너지 효율 유지 사이에서 늘 균형을 고민해야 한다. 이러한 문제를 완화하기 위해 배기되는 공기와 외부에서 유입되는 공기 사이에서 열을 교환하는 열회수형 환기 장치 **HRV, Heat Recovery Ventilator**가 개발 및 보급되어 겨울철에는 난방 손실을, 여름철에는 냉방 손실을 최소화할 수 있게 되었다.

하지만 외부의 미세 먼지와 황사로 인해 환기를 꺼리는 경우도 많아졌다. 이에 대한 대안으로 창문을 열지 않고도 환기가 가능한 신개념 자동 환기창이 등장하였다. 창문 일부에 설치된 환기팬이 다중 필터를 거쳐 정화된 외부 공기를 실내로 들이고 동시에 오염된 공기를 배출하는 방식이다. 더불어 스마트 센서가 실시간으로 공기질을 감지해 환기 여부를 자동으로 결정하고 제어함으로써 외부 오염을 차단하면서도 열손실을 크게 줄일 수 있다. 이러한 기술의 발전은 환기 장치를 에너지 절약과 건강을 동시에 충족시키는 핵심 설비로 변화시켰으며, 탄소중립 시대에 부합하는 에너지 효율 연구의 중요한 축으로 자리 잡았다.

앞으로 환기 기술은 기본적인 공기 교환을 넘어 보다 정교하고 지능적인 방식으로 발전할 것이다. 대부분의 현대 기술과 마찬가지로 환기 장치 역시 사물 인터넷 IoT, 인공지능, 센서 및 제어 기반 시스템과 연계되어 꾸준히 발전하고 있다. 사물 인터넷을 활용한 스마트 환기 시스템은 실내 공기의 질을 실시간으로 모니터링하고 미세 먼지, 바이러스, 온도, 습도 등의 요소를 종합적으로 분석하여 최적의 환기 전략을 자동으로 조절할 것이다. 또한 나노 필터를 활용한 공기 정화 기술, 자연과 조화를 이루는 생체모방공학 biomimetics 기반의 환기 설계가 활발히 연구되고 있다. 건축 설계 단계부터 환기 시스템을 필수 요소로 통합하는 패시브 하우스 passive house 개념이 더욱 확산되면서 미래의 공간은 자연과 기술이 조화를 이루는 형태로 발전할 것이다.

Tip !

① 하루 3회, 10분씩, 창문을 완전히 열어 공기의 교환 효율을 높이면 실내 미세 먼지가 최대 70% 감소합니다.

② 서로 마주보는 창문을 동시에 열면 공기 흐름이 맞통풍으로 형성되어 효율적입니다.

③ 새벽, 아침에는 외부 미세 먼지가 높을 수 있으므로 오후 2~5시 사이 환기가 적합합니다.

④ 창문 쪽으로 선풍기를 틀어 바람의 방향을 밖으로 유도하면 배출 속도가 2배 높아집니다.

⑤ 청소 중 먼지가 필터에 쌓이거나 재순환될 수 있으니 에어컨, 공기 청정기는 잠시 꺼둡니다.

창문

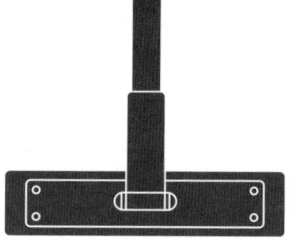

투명함을 채운 유리창

집안 곳곳을 청소함에 있어 청결 수준이 가장 극명하게 드러나는 공간은 창문이다. 시멘트, 벽돌, 철근, 나무 등 불투명한 다른 재질과 달리 유리는 빛을 투과시켜 작은 먼지나 얼룩도 쉽게 눈에 띄기 때문이다. 그러나 창문 청소는 단순히 미관을 위한 작업이 아니라 쾌적한 실내 환경을 유지하는 중요한 과정이기도 하다. 깨끗하게 관리된 유리창을 통해 햇빛이 집안을 훤히 밝히고 결과적으로 자외선 소독, 습도 조절 등으로 전염병 확산을 다소 예방하는 효과도 있다.

유리는 창문으로 활용되기 전부터 오랜 세월 인간의 생활과 문화 속에서 중요한 역할을 해왔다. 약 5,000년 전 메소포타미아와 고대 이집트에서 처음 만들어진 유리는 초기에 주로 구슬이나 장식품 형태로 사용되었다. 기원전 1세기경 로마인들이 블로잉 blowing 기법을 개발하면서 유리는 더욱 널리 퍼졌고 용기와 창문 등 실용적인 용도로 활용되기 시작했다. 중세시대에는 이슬람과 유럽에서 유리 공예가 발전하며, 성당과 교회에서는 화려한 스테인드글라스가 건축의 중요한 요소로 자리 잡았다. 특히 베네치아의 무라노섬은 유리 제작 기술로 유명해졌으며, 르네상스 시대에는 투명하고 정밀한 유리 제품이 생산되기 시작했다.[13]

    17, 18세기에는 유리 제조 기술이 더욱 정교해지면서 망원경, 현미경 등의 과학 기기에 사용되었고 창문 유리의 품질도 개선되었다. 19세기에 이르러 산업화가 진행되면서 유리는 대량 생산이 가능해졌으며, 건축과 생활용품 등 다양한 분야에서 중요한 재료로 자리 잡게 되었다. 특히 납유리 같은 고품질의 유리가 제작되면서 유리 공예가 하나의 예술 형태로 발전하였고 유리 렌즈와 광학기술의 발전은 천문학, 물리학과 생물학 분야에도 큰 영향을 미쳤다.

    오늘날 유리는 주로 플로트 공법 float process 으로 만들어진다. 이 공정에서는 모래, 석회석, 소다회 등의 원료를 약 1,500°C에서 녹여 유리 용융물 molten glass 을 만든 후 이를 평평한 용융된 주석 위에 부어 떠오르게 한다. 주석 표면은 완벽히 평탄하기 때문에 유리도 자연스럽게 매끄럽고 균일한 두께를 유지하며 형성된다. 이후 유리는 냉각로에서 서서히 식혀 내부 응력을 제거하는 풀림 annealing 과정을 거치며, 원하는 크기로 절단한 후 다양한 용도에 맞게 강화, 코팅, 가공 등의 추가 공정을 거쳐 완성된다.

    유리는 금속, 나무, 플라스틱 등 다른 소재와 달리 빛을 투과하는 투명한 특성을 가지고 있어 특별한 가치를 지닌다. 금속은 강도와 내구성이 뛰어나고 나무는 따뜻한 질감과 자연스러움을 제공하며, 플라스틱은 가벼움과 유연성을 갖고 있지만, 이들 모두 빛을 투과하는 특성은 제한적이다. 반면 유리는 투명하여 창문, 거울, 광학 기기, 디스플레이 화면 등 다양한 분야에서 중요한 역할을 한다. 특히 건축에서는 유리를 사용하여 자연 채광을 극대화하고 개방감을 조성하며, 자동차나 전자기기에서도 시각적 정보 전달을 위해 필수적인 소재로 활용된다.[14]

유리가 투명성을 유지하기 위해서는 정기적인 청소와 관리가 필수적이다. 먼지, 얼룩, 지문 등이 유리에 쌓이면 본래의 깨끗한 투명성이 감소하고 채광 효과도 줄어든다. 특히 유리창은 빛을 반사하고 굴절시키는 특성이 있기 때문에 표면이 깨끗하지 않으면 오히려 시야를 방해하고 공간을 어둡게 만들 수 있다.

세정제보다 강력한 신문지

유리창은 표면적인 청소를 넘어 손상 위험을 줄이면서 투명성을 오래 유지할 수 있는 세심한 관리 방식이 필요하다. 깨질 우려가 있는 유리창은 다른 청소와 달리 강력한 힘보다 섬세한 손길이 요구되기에, 부드럽게 닦이면서도 마찰력이 적당한 도구가 필요하다. 이러한 이유로 전통적으로 신문지를 활용한 청소법이 널리 쓰여 왔다.

신문지는 표면이 약간 거칠고 단단하여 얼룩을 효과적으로 제거하면서도 유리에 흠집을 내지 않는다. 또한 적당한 마찰력과 뛰어난 흡수력을 동시에 갖추고 있어 세정제를 뿌린 뒤 닦아내면 물기와 얼룩, 오염물까지 함께 흡수해 유리창을 한층 더 깨끗하게 만든다. 여기에 잉크의 미세한 입자와 소량의 오일 성분은 닦는 과정에서 윤활 효과를 주고 표면에 얇은 막을 형성해 일시적으로 광택을 강화하며 먼지의 재부착을 지연시키는 보조적 역할을 한다. 얼룩 제거의 주역은 어디까지나 신문지 섬유의 마찰력과 흡수력이지만 잉크 성분은 청소 후 유리가 더욱 깨끗해 보이게 하는 데 도움을 준다.

반대로 A4 용지처럼 매끈한 종이는 마찰력이 부족하여 얼룩 제거 효과가 떨어진다. 화장지는 섬유가 부드럽고 잘 찢어지기 때문에 닦는 과정에서 쉽게 보풀이 남아 오히려 유리를 더 흐리게 만들 수 있다. 이처럼 청소 도구의 특성과 원리를 이해하면 유리창을 효율적으로 관리하고 투명성을 오래 유지할 수 있다.

한편 매직 스펀지와 초극세사 천은 모두 화학 세정제 없이 오염 물질을 제거할 수 있는 현대적인 청소 도구라는 공통점이 있다. 두 도구 모두 물리적인 힘을 활용해 청소 효율을 극대화한다는 점에서는 비슷하지만 작동 원리는 서로 다르다.

매직 스펀지는 멜라민 폼 melamine foam 이라는 특수한 소재로 만들어졌는데, 현미경으로 보면 매우 단단하면서도 미세한 다공성 그물망 구조를 갖고 있다. 이 구조에 물을 적셔 문지르면 스펀지가 초미세 사포나 지우개처럼 작용하여 오염 물질을 물리적으로 긁어내거나 얇게 깎아내는 방식으로 얼룩을 제거한다. 따라서 고착된 찌든 때나 물때 제거에는 탁월하지만 코팅된 표면에는 손상을 줄 수 있다.

반면 초극세사 microfiber 천은 섬유 자체의 구조를 혁신적으로 가공한 것으로 주로 폴리에스터와 폴리아미드를 혼합해 머리카락 굵기의 1/100 정도로 만든 섬유다. 단면을 삼각형이나 쐐기형으로 가공해 표면적을 극대화하고 미세 틈새의 먼지, 유분, 액체 오염 물질을 효과적으로 포획한다. 모세관 현상 덕분에 물기까지 빠르게 흡수해 유리창을 닦아도 얼룩이 남지 않는다. 이처럼 작동 방식을 알면 표면 재질과 오염 상태에 맞춰 도구를 선택하여 더 효율적인 청소할 수 있다.

스티커 제거제

유리창 청소에는 먼지나 물때를 제거하는 것뿐만 아니라 오랜 시간 붙어 있던 스티커나 접착제 잔여물을 효과적으로 없애는 것도 포함된다. 특히 창문에 붙어 있던 홍보 스티커나 가격표 라벨을 제거할 때 표면에 남은 끈끈한 흔적은 일반적인 세정제로 쉽게 닦이지 않는다.

스티커를 붙이는 것은 쉽지만 떼어낼 때 남는 끈끈한 자국은 골칫거리가 된다. 특히 유리, 플라스틱, 금속 등의 표면에서는 접착제 잔여물이 강하게 남아 깔끔하게 제거하기 어렵다. 이런 문제를 해결하기 위해 다양한 스티커 제거제 adhesive remover가 사용되며, 이들은 화학적, 물리적 원리를 이용해 접착제를 효과적으로 분해한다.

스티커가 표면에 달라붙는 이유는 접착제가 분자 수준에서 표면과 강한 인력을 형성하기 때문이다. 접착제는 일반적으로 폴리머로 이루어져 있으며, 이는 고분자로 구성된 점성이 강한 물질이다. 이러한 폴리머는 표면과 결합할 때 반데르발스힘 Van der Waals Forces, 수소 결합 또는 정전기적 인력을 형성하면서 강한 접착력을 갖게 된다. 시간이 지나면서 접착제는 더 단단해지고 공기 중의 먼지나 산화 반응으로 인해 제거가 더욱 어려워진다.

스티커 제거제는 이러한 접착제를 효과적으로 분해하거나 약화시키기 위해 여러 가지 화학적 원리를 활용한다. 가장 흔히 쓰이는 방법은 접착제를 녹이는 용매를 활용하는 것이다. 용매는 접착제의 화학 구조를 변형하거나 접착제 분자 사이의 결합을 끊어 분리되기 쉽게 만든다.

대표적인 스티커 제거제 성분으로는 알코올, 아세톤, 시트러스 오일, WD-40(탄화수소계 용제) 등이 있다. 이소프로필 알코올 isopropyl alcohol, IPA 은 접착제 성분을 녹여 점성을 낮추는 역할을 하며, 휘발성이 높아 표면에 잔여물을 남기지 않고 쉽게 증발한다. 아세톤은 강력한 용해력을 지닌 물질로 매니큐어 또는 페인트 제거제에서 흔히 사용되며, 강한 접착제를 효과적으로 제거할 수 있다. 하지만 아세톤은 플라스틱이나 일부 표면을 손상시킬 수 있어 신중한 사용이 필요하다.

자연에서 추출한 시트러스 오일도 효과적인 스티커 제거 성분이다. 이 오일에는 리모넨 limonene 이라는 물질이 포함되어 있는데, 이는 접착제의 분자 구조를 변형하여 쉽게 제거할 수 있도록 돕는다. 특히 플라스틱, 유리, 금속 표면에서도 안전하게 사용할 수 있어 친환경적인 대안으로 인기가 높다.

물리적 방법을 이용한 제거 방식도 있다. 예를 들어 열을 이용한 방법은 접착제의 점성을 낮추는 데 효과적이다. 드라이어로 따뜻한 공기를 가하면 접착제가 부드러워져 표면에서 쉽게 떨어지는데, 이는 열을 가해 접착제가 유리 전이 온도 glass transition temperature 를 넘어가면서 단단한 유리상에서 말랑한 고무상으로 변해 분리가 쉬워지는 현상이다.

또한 물과 비눗물을 이용하는 방법도 있다. 일부 접착제는 수용성 성분을 포함하고 있어 따뜻한 물과 비눗물을 사용하면 접착제가 부드러워지면서 제거가 쉬워진다. 특히 종이 기반의 스티커는 물에 쉽게 젖어 분리가 용이해진다.

참고로 스티커 제거제를 사용할 때는 몇 가지 주의할 점이 있다. 아세톤, WD-40 같은 특정 용매는 플라스틱을 녹이거나 변색을 유발할 수 있으며, 목재 표면의 코팅을 벗겨낼 위험이 있다. 따라서 표면 종류에 맞는 제거제를 선택해야 한다. 또한 강한 화학 용매를 사용할 경우 피부에 직접 닿지 않도록 장갑을 착용하고 환기가 잘되는 공간에서 작업하는 것이 안전하다.

요약하면 스티커 제거제의 과학은 접착제의 분자 구조를 변형시키거나 약화시켜 쉽게 제거할 수 있도록 하는 데 있다. 용매의 선택, 열과 물리적 힘의 활용 등 다양한 방법이 있으며 표면의 재질과 접착제의 종류에 따라 최적의 방식을 선택하는 것이 중요하다. 적절한 제거 방법을 활용하면 스티커를 떼어 낸 후에도 표면을 깔끔하게 유지할 수 있다.

마천루와 창문 청소의 역사

유리를 관리하는 과학적 고민은 단지 집안 창문에 국한되지 않았다. 인류가 점점 더 높은 건물을 세우기 시작하면서 유리창을 어떻게 청소할 것인가 하는 새로운 과제가 등장한 것이다. 1885년 시카고에 기념비적인 건물이 세워졌다. 미국의 건축가 윌리엄 제니 William Jenney 가 설계한 홈 인슈어런스 빌딩이 인류 최초로 두 자릿수 층수로 건립된 것이다. 해당 건물은 정확히 10층으로 요즘의 관점에서 보면 꼬마 빌딩에 가깝지만 역사적으로 세계 최초의 마천루라 불린다. 마천루摩天樓, skyscraper 는 오늘날 하늘을 찌를 듯이 아주 높게 솟은 고층 건물을 가리킨다. 한자로 하늘天을 문지르는摩 다락樓 이라는 뜻이며, 영어의 skyscraper 역시 하늘sky 을 긁어내는scrape 듯하다는 유사한 의미를 지닌다.

이후 철근 콘크리트 구조의 발전과 엘리베이터의 발명은 건물의 고층화를 부추겼다. 제1차 세계 대전 직후 77층의 크라이슬러 빌딩과 102층의 엠파이어 스테이트 빌딩 등 상당수의 뉴욕 마천루들이 지어졌다. 1929년 터진 대공황 이후로 사그라든 마천루 열풍은 1960년대부터 재개되었고 뉴욕을 대표하는 랜드마크, 세계무역센터 쌍둥이 빌딩이 준공되었다.

하지만 1990년대에는 소련과의 냉전이 끝나며 국력을 과시할 필요가 없어진 미국에서 마천루 열풍이 사라졌다. 그리고 엎친 데 덮친 격으로 2001년 9.11 테러가 발생하면서 뉴욕의 마천루 시대는 사실상 막을 내렸다. 그 이후 스카이라인은 아시아와 중동 지역 위주로 새로 그려졌다.

고층 건물이 들어서면서 창문 청소는 이전보다 훨씬 더 까다로운 일이 되었다. 초창기 건물은 비교적 높이가 낮아 창문 청소부들이 외부에 설치된 간단한 받침대나 사다리를 이용하였다. 하지만 이 방법은 청소부들이 높은 곳에서 작업하다가 추락을 감수해야 할 정도로 위험했다. 20세기 초반에는 청소부들이 밧줄과 하네스를 사용해 건물 외벽에 매달려 작업하는 방식이 도입되었다. 이 방법도 여전히 위험했지만 편의성으로 인해 고층 창문 청소의 표준으로 자리잡았다.

20세기 중반에는 스윙 스테이지 swing stage라 불리는 이동식 발판이 널리 보급되었다. 이 장비는 건물 옥상에 설치된 도르래와 케이블에 연결되어, 작업자가 발판에 서서 창문을 청소하거나 외벽을 보수할 수 있도록 했다. 스윙 스테이지는 기존의 줄타기식 청소보다 안전성을 크게 높였으며, 더 많은 창문을 효율적으로 관리할 수 있게 해 고층 건물 유지 관리의 표준 장비로 자리 잡았다. 이어 1950년대에는 전기 모터를 이용한 전동 스윙 스테이지가 도입되어 작업자가 손쉽게 위아래로 이동할 수 있게 되었고 청소의 효율성은 한층 더 향상되었다.

건물 외벽 청소를 위해 옥상의 풀리 시스템에 연결된 이동식 작업 플랫폼 스윙 스테이지

　　20세기 후반 50층 이상의 초고층 건물들이 속속 등장하면서 창문 청소의 복잡성과 위험성도 크게 늘어났다. 초고층 건물은 전통적인 방법으로는 접근하기 어려웠기에 전문적인 장비가 요구되었다. 1970년대부터는 건물 유지관리 시스템 BMU, Building Maintenance Unit 이 도입되기 시작했는데, 이는 옥상에 설치된 전용 장치와 레일, 트랙 등에 연결된 곤돌라 형태의 장비로 작업자가 비교적 안전하게 외벽과 창문을 청소할 수 있도록 했다. BMU는 이후 현대 고층 건물의 필수 설비로 자리잡았다. 1980년대 이후에는 일부 건물에서 로봇 팔이나 자동화 브러시를 이용한 자동 창문 청소 시스템이 시험적으로 도입되었으며, 특히 정기적인 청소가 필요한 건물에서 제한적으로 활용되었다.

하늘을 닦는 기술

2010년 아랍에미리트 두바이에 완공된 163층, 높이 828m의 부르즈 할리파 Burj Khalifa는 2025년 현재 세계에서 가장 높은 건물로 기록되어 있다. 건물 외벽에는 무려 24,348개의 유리창이 설치되어 있으며, 이를 청소하기 위해 36명의 전문 작업자가 투입된다. 전 창문을 한 번 청소하는 데 약 3개월이 걸리는데, 사막 특유의 강한 바람과 먼지 때문에 청소 주기도 3개월마다 반복된다. 결과적으로 청소팀은 사실상 연중 내내 건물 외벽에서 작업을 이어가고 있는 셈이다.

이 작업을 가능하게 하는 핵심 장비는 건물 외벽 곳곳에 설치된 18대의 BMU이며, 필요할 때 외벽을 따라 레일을 타고 내려와 청소 발판을 지탱한다. 하지만 초고층부에서는 강풍으로 인해 장비 운용이 어려운 경우가 많아 특수 로프 접근 기술이나 안전 장비를 동원해야 한다. 또한 모래바람과 강렬한 햇빛으로 인해 일반 물청소만으로는 효과가 떨어지기 때문에 정제수 deionized water 나 특수 세정제가 함께 사용된다. 부르즈 할리파의 창문 청소는 건물 관리 수준을 넘어 세계에서 가장 높고 혹독한 환경에서 진행되는 거대한 프로젝트라 할 수 있다.

부르즈 할리파가 세계 최고층 건물이라면, 대한민국에서 가장 높은 건물인 롯데월드타워 역시 방대한 유리창 청소라는 과제를 안고 있다. 높이 555m에 달하는 123층의 롯데월드타워 외벽에는 약 42,000장의 유리창이 설치되어 있다. 이러한 초고층 건물의 유리창 청소는 안전성과 효율성을 동시에 고려해야 하며, 특히 전통적인 물 세정 방식은 고층에서 떨어지는 낙수가 보행자 안전을 위협할 수 있다.

이에 대한 대안으로 규조토를 활용한 건식 청소 방식이 도입되었다. 규조토는 단세포 조류인 규조의 화석화된 껍질로 미세한 공극을 가진 다공성 구조 덕분에 뛰어난 흡착력을 지닌다. 청소 시 규조토 가루를 유리창 표면에 도포하면 먼지와 오염물이 규조토에 흡착되어 깨끗한 표면을 유지할 수 있다. 이러한 방식은 물 사용을 최소화해 낙수 위험을 줄이고 환경적 이점도 제공하기 때문에 초고층 건물 외벽 관리에 적합한 방법 중 하나로 평가된다.

최근에는 최첨단 기술력을 활용한 자동화된 청소 방식이 도입되고 있다. 대표적인 예로 연잎 효과 lotus effect 를 응용한 초발수성 유리가 있다. 연잎 표면에는 미세한 돌기가 있어 물방울이 퍼지지 않고 구슬처럼 맺혀 쉽게 굴러 떨어진다. 이처럼 물을 흡수하지 않고 밀어내는 성질을 발수성 hydrophobicity 이라 하며, 그 성질이 강할 때 초발수성 superhydrophobicity 이라 한다. 유리 표면에 초발수 코팅을 하면 비가 올 때 그동안 쌓인 먼지가 쉽게 씻겨 내려간다. 이는 자동차 유리창에도 적용

연잎에서 아이디어를 얻은 자기 세척의 원리

되어 적당량의 비가 올 때는 와이퍼를 작동시키지 않고 빗방울을 바로 제거하기도 한다. 이러한 방식을 외부의 힘 상관없이 스스로 씻는다 하여 자기 세척 self-cleaning 이라 한다.[15]

또한 일부 고층 빌딩에서는 건물 외벽 청소 로봇을 활용하여 자동으로 유리창을 세척하는 기술이 도입되고 있다. 이러한 로봇은 진공 흡착 패드나 강력한 자석을 이용해 유리 양면에 부착되며, 물과 세정제를 분사하면서 브러시나 초음파 진동으로 오염물을 제거한다.

한편 사람이 접근하기 어려운 초고층 빌딩에서는 드론을 이용한 유리창 청소 기술도 발전하고 있다. 드론은 고압 세척 시스템과 세정제 분사 장치를 탑재하여 건물 외벽을 빠르고 효율적으로 청소할 수 있으며, 기존의 인력에 의존하는 방식보다 안전성과 작업 속도를 크게 향상시킨다. 이러한 첨단 기술의 도입으로 인해 초고층 빌딩의 유지 및 관리 비용도 절감되고 있다.

  유리는 빛을 투과시켜 실내외를 연결하는 중요한 매개체이지만 먼지와 얼룩이 쌓이면 투명성과 채광 효과가 크게 떨어진다. 따라서 정기적인 청소와 적절한 관리가 필수적이며, 어떤 방식으로 관리하느냐에 따라 결과가 크게 달라진다. 초고층 빌딩에서는 초발수 코팅, 로봇, 드론 등 자동화 기술이 적극적으로 도입되고 있으며, 맑게 관리된 유리창은 우리의 공간과 일상을 더 밝게 만든다.

창문틀 청소

유리창은 넓은 면이 노출되어 있어 비교적 닦기 쉽지만 창문틀은 좁고 깊은 구조 탓에 먼지와 오염물이 쉽게 쌓인다. 더구나 틈새에 손이나 청소 도구가 닿기 어려워 효과적으로 닦기가 어렵다. 이때 신문지와 분무기를 활용하면 간단하면서도 과학적인 방법으로 해결할 수 있다. 신문지를 적당한 크기로 구겨 틈새에 밀착시킨 뒤 분무기로 물을 가볍게 뿌리면 모세관 현상 capillary action 이 작용해 물이 좁은 틈 속으로 스며든다. 이 현상은 물 분자 간의 응집력 cohesion 과 표면과의 부착력 adhesion 으로 인해 일어나며, 물이 먼지를 함께 끌어내는 역할을 한다. 신문지의 다공성 섬유 구조는 흡수력이 뛰어나 물과 오염물을 함께 빨아들이고 표면에 보푸라기를 남기지 않아 마무리도 깔끔하다.

스펀지를 창문틀 너비에 맞게 얇게 잘라 쓰는 것도 유용한 방법이다. 스펀지를 창문틀의 폭에 맞춰 잘라 사용하면 스펀지가 원래 지닌 미세한 모세관 구조는 그대로 유지하면서도 오염이 모여 있는 부분을 집중적으로 닦을 수 있다. 이 작은 절단면은 물을 빠르게 머금어 좁은 틈으로 스며들고, 스펀지 특유의 미세한 구멍이 먼지와 오염물을 효과적으로 흡착해 깔끔하게 제거하도록 돕는다.

틀의 끝부분처럼 공기 흐름이 정체되는 지점은 먼지가 쌓이기 쉬운데, 이때 분무기 등을 이용해 짧게 물방울과 공기를 집중 분사하면 순간적으로 주변 공기를 끌어들이면서 작은 소용돌이가 생기고, 이 난류가 정체된 구석의 공기를 밀어내어 먼지도 함께 띄워버린다. 만약 기름 성분이 섞인 찌든 때가 남아 있다면 계면활성제를 소량 사용해 표면장력을 낮추는 것도 방법이다. 이 방법으로 물이 틈 깊숙이 퍼져 오염물이 쉽게 분리된다.

청소를 마친 뒤 다시 먼지가 들러붙지 않게 하려면 마무리 과정도 중요하다. 플라스틱 창틀은 정전기가 쉽게 발생해 미세 먼지가 금세 달라붙으므로 마지막에 마른 천으로 가볍게 닦아 정전기 축적을 줄이는 식으로 깨끗한 상태를 더 오래 유지할 수 있다. 아래쪽 홈처럼 건조가 느린 부분은 미지근한 바람을 짧게 쐬어 증발 속도를 높이면 물때를 방지할 수 있다.

창문 청소에서 쉽게 찾아볼 수 있는 모세관 현상의 원리는 일상적인 곳에서뿐만 아니라 자연 현상부터 첨단 기술 전반에 걸쳐 폭넓게 활용되고 있다. 식물의 뿌리는 모세관 현상을 이용하여 토양의 수분을 흡수하며, 이를 줄기를 통해 잎으로 이동시킨다. 이 과정에서 증산 작용 transpiration이 함께 작용하여 물이 지속적으로 순환한다. 식물이 물을 끌어올릴 수 있는 이유는 뿌리에서 시작된 모세관 현상이 줄기의 물관 xylem을 따라 작용하기 때문이다. 이를 통해 식물은 광합성에 필요한 수분을 꾸준히 공급받으며 생명 활동을 유지한다.

종이 역시 모세관 현상을 활용하는 대표적인 소재다. 종이의 섬유질은 촘촘한 미세 구조를 이루어 잉크를 빠르게 흡수하고 넓게 퍼뜨린다. 하지만 일반 종이는 모세관 작용 때문에 잉크가 쉽게 번지는 문제가 발생한다. 반면 잉크젯 전용지는 표면에 특수 코팅층을 입혀 잉크의 흡수 방향과 속도를 정교하게 제어한다. 잉크 방울이 종이 표면에 닿자마자 코팅층 내부로 빠르게 스며들지만, 가로 방향으로는 확산되지 않도록 구조화되어 있어 번짐을 최소화하고 선명한 인쇄 품질을 만들어낸다.

또한 컴퓨터 CPU와 같은 전자기기는 발열을 효율적으로 관리하기 위해 히트 파이프 heat pipe 기술이 사용되는데, 내부에 미세한 모세관 구조를 가진 다공성 재료가 채워져 있다. 이 구조는 냉각액을 자연스럽게 이동시켜 열을 빠르게 분산시킨다. 뜨거운 부위에서 냉각액이 증발하고 차가운 부위에서 응축된 후 다시 모세관 현상으로 이동하는 이 과정은 열을 효율적으로 전달하는 데 중요한 역할을 한다.

우주 로켓이나 인공위성에서는 무중력 상태로 인해 일반적인 방식으로 연료를 이동시키는 것이 어렵다. 이를 해결하기 위해 연료 시스템에 모세관 현상을 적용한 구조를 설계하여 중력이 없어도 연료가 일정하게 공급될 수 있도록 한다. 미

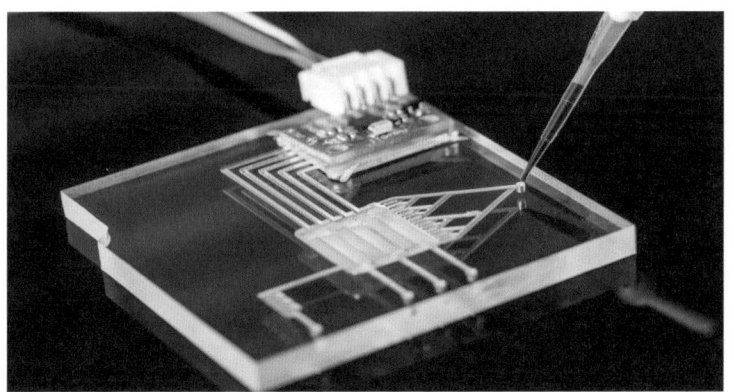

랩온어칩은 모세관 현상을 이용해 미세 유체를 내부 채널로 스스로 이동시켜 분석한다.

세한 관을 따라 연료가 자연스럽게 이동하여 우주 공간에서도 안정적인 추진이 가능하게 만드는 것이 이 기술의 핵심이다.

   모세관 현상은 의료 진단 장비에서도 널리 사용된다. 혈당 측정기, DNA 분석 칩, 랩온어칩 lab-on-a-chip 등의 기술은 매우 적은 양의 체액만으로도 검사가 가능하도록 설계된다. 이 장치들은 모세관 현상을 이용해 샘플을 자동으로 이동시키며, 복잡한 외부 장치 없이도 혈액이나 체액을 분석한다. 이를 통해 의료 검사가 더욱 신속하고 간편하게 이루어질 수 있다.

   이처럼 신문지를 활용한 창문틀 청소는 모세관 현상이 일상 속에서 어떻게 응용될 수 있는지를 잘 보여준다. 앞으로도 이 원리를 응용한 기술은 다양한 산업과 연구에서 새로운 해결책을 제시하며, 생활과 과학을 잇는 다리 역할을 할 것이다.

Tip !

① 물은 아래로 흐르므로 창문은 위에서 아래로 닦아야 물자국이 남지 않습니다.

② 차가운 물보다 미지근한 물이 기름때와 먼지를 녹이는 데 더 효과적입니다.

③ 마무리 단계에서 마른 천으로 문질러주면 정전기를 줄여 먼지 재부착을 방지할 수 있습니다.

④ 창문틀에 쌓인 먼지가 유리로 흘러 들어갈 수 있으므로 프레임을 먼저 정리해야 합니다.

⑤ 창문틀을 물걸레로 바로 닦으면 먼지가 진흙처럼 엉기므로 마른 먼지를 먼저 진공청소기로 제거합니다.

⑥ 베이킹소다(알칼리성)와 식초(산성)의 반응으로 발생하는 이산화탄소 기포는 때를 분리합니다.

⑦ 면봉이나 나무젓가락 끝에 천을 감으면 창문틀 구석이나 고무 패킹 틈의 세밀한 오염을 제거할 때 유용합니다.

거실

집의 얼굴, 거실의 위생학

거실은 집 안에서 가장 개방적이고 다기능적인 공간이다. 가족이 모여 이야기를 나누고 손님을 맞이하며, 휴식과 여가가 이루어지는 중심 무대가 된다. 그래서 거실은 단순한 생활 배경이 아니라 한 가정의 분위기와 생활 문화를 보여주는 얼굴과도 같다.

하지만 이렇게 많은 사람들이 오가는 공간일수록 눈에 띄지 않는 오염이 빠르게 축적된다. 카펫이나 소파 속에 숨어드는 집먼지 진드기, 바닥에 쌓이거나 공중으로 부유하는 미세먼지, 전자기기 주변에 들러붙는 정전기성 먼지는 모두 건강과 직결된다. 특히 어린아이와 노약자가 생활하는 집이라면 거실 청소는 미관뿐 아니라 가족의 호흡기 건강을 지키는 일에 가깝다.

거실 위생을 결정짓는 핵심 요소 중 하나는 공기 흐름이다. TV와 공유기에서 나오는 열은 상승 기류를 만들고 창문 틈새 바람은 바닥의 먼지를 천천히 띄우며 거실 전체에 퍼뜨린다. 이런 흐름은 눈으로 보이지 않지만 벽과 가구 표면에 얇은 먼지 막을 형성하고 특정 방향의 모서리로 계속해서 쓸려 들어간다. 그래서 거실은 규칙적인 환기와 적절한 공기 정화가 필수적이고 창을 어떻게 여는지에 따라 먼지 농도가 몇 분 만에 크게 달라지기도 한다.

바닥 재질과 가구 배치 역시 거실의 청소 난이도를 가르는 변수다. 카펫은 섬유 구조 때문에 먼지를 깊숙이 품고 마루는 표면 마찰이 낮아 먼지가 잘 미끄러져 틈과 구석으로 몰린다. 소파 아래나 책장 뒤처럼 공기가 잘 흐르지 않는 곳에는 눈에 보이는 곳보다 더 많은 먼지가 쌓이기도 한다. 이러한 차이는 건축 자재의 특성과 바닥의 마찰력, 공기 흐름, 정전기 같은 물리적 조건이 함께 만들어낸 결과다. 거실을 효율적으로 청소한다는 것은 결국 이 공간에 숨어 있는 물리 법칙을 읽어내는 일에 가깝다.

따라서 거실 청소는 눈에 보이는 먼지만 닦아내는 작업이 아니라 공기 질을 안정시키고 알레르기를 줄이며 집 전체의 생활 리듬을 정돈하는 핵심 과제다. 공간의 구조와 흐름을 이해하는 것만으로도 청소의 효율이 달라지고, 더 나아가 한 공간의 질서가 유지될 때 가족이 체감하는 삶의 질도 함께 높아진다. 우리가 매일 스쳐 지나가는 거실은 생각보다 훨씬 과학적인 공간이며, 그만큼 세심한 관리가 필요하다.

빗자루와 쓰레받기의 과학

앞서 언급했듯 거실은 집안에서 가장 넓고 개방적인 공간인 만큼 먼지가 쌓이기 쉬운 곳이다. 바닥을 가볍게 쓸어낸다고 해결되는 문제가 아니며, 눈에 보이지 않는 미세 먼지부터 가구 아래에 숨어 있는 이물질까지 다양한 형태의 오염이 누적된다. 따라서 거실 청소의 첫 과정은 바닥의 먼지를 효율적으로 모으는 일이며, 이때 가장 기본적이면서도 여전히 중요한 도구가 바로 빗자루와 쓰레받기다.

빗자루는 고대 이집트와 그리스에서부터 사용되었으며, 당시에는 나무 가지나 식물의 섬유를 묶어 만든 형태였다. 중세 유럽에서는 호밀이나 식물 섬유를 이용하여 빗자루를 제작했으며, 시간이 지나면서 점점 더 정교한 형태로 발전하였다. 19세기 중반 산업 혁명 이후 대량 생산이 가능해지면서, 특히 옥수수 껍질을 이용한 'corn broom'이 널리 보급되었다.

쓰레받기의 초기 형태는 단순한 널빤지나 금속판으로, 빗자루로 쓸어 모은 먼지를 한곳에 모으기 위한 역할을 했다. 1858년 미국의 토마스 맥네일 T. E. McNeill이 현대적인 쓰레받기의 형태를 특허 등록하면서 지금과 같은 쓰레받기가 탄생했다. 이후 플라스틱과 금속 재질을 활용한 쓰레받기가 제작되었으며, 보다 효율적인 형태로 발전해왔다.

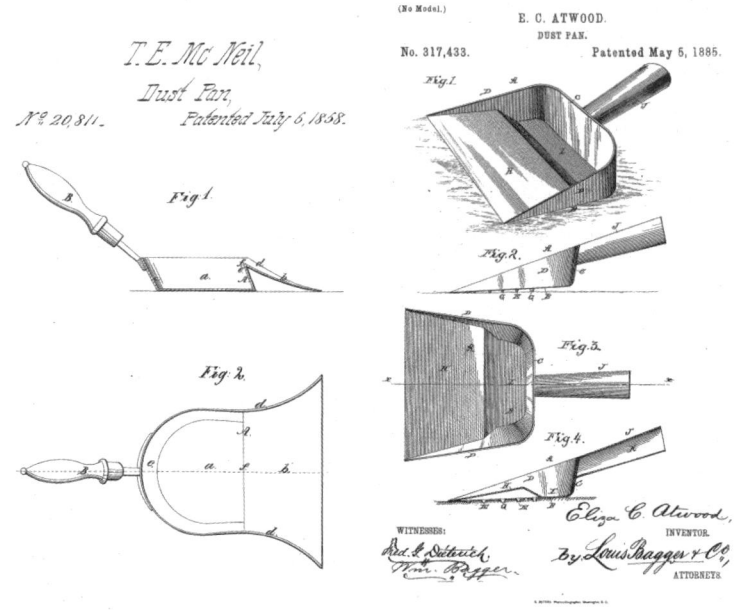

1858년(좌측)과 1885년(우측)에 특허 등록된 쓰레받기의 모습은 현재와 유사하다.

    단순해 보이는 빗자루와 쓰레받기에도 물리학적 요소가 숨어 있다. 우선 빗자루를 사용할 때에는 마찰력이 중요한 역할을 한다. 빗자루의 섬유가 바닥과 접촉하면서 발생하는 마찰력이 먼지를 끌어모으는 힘을 제공하며, 이 때 빗자루의 각도가 적절해야 마찰력이 충분히 유지되어 쓰레기를 효과적으로 이동시킬 수 있다. 빗자루의 길고 가는 손잡이는 지렛대 원리를 따르며, 사용자가 적은 힘으로도 넓은 면적을 청소할 수 있도록 돕는다. 일반적으로 빗자루를 사용할 때 최적의 각도는 45°~60° 사이다. 각도가 너무 작으면 솔이 바닥과 충분히 맞닿지 않아 쓰레기가 남을 수 있으며, 반대로 각도가 너무 크면 솔이 지나치게 휘어져 효율적인 청소가 어렵다.

또한 빗자루를 움직일 때 손에서 발생한 힘이 빗자루 대를 통해 솔로 전달되며, 이 힘이 바닥에 작용하면서 쓰레기를 원하는 방향으로 이동시키는 원동력이 된다. 뉴턴의 작용-반작용 법칙에 따라 빗자루가 바닥을 밀어내는 힘과 바닥이 빗자루를 밀어내는 힘이 균형을 이루면서 빗자루의 솔이 미끄러지지 않고 적절한 마찰력을 유지할 수 있다.

빗자루와 한 쌍인 쓰레받기는 경사와 중력의 원리를 활용하여 먼지를 효과적으로 담을 수 있도록 설계되었다. 쓰레받기의 앞쪽 끝이 바닥과 거의 평행할수록 먼지가 새어나가는 것을 막고 더 효과적으로 모을 수 있기에 이상적인 각도는 바닥과 거의 0도에 가까운 상태다. 이러한 이유로 쓰레받기의 앞부분은 매우 얇고 날카롭게 만들어진다.

빗자루와 쓰레받기를 효율적으로 사용하려면 몇 가지 움직임의 원리를 이해할 필요가 있다. 우선 빗자루는 짧고 일정한 스트로크로 사용하는 것이 가장 효과적이다. 길게 쓸 경우 빗자루 섬유가 좌우로 흔들려 마찰력이 불균일해지고, 작은 입자들이 솔 사이로 빠져나가거나 다시 흩어질 가능성이 높아진다. 반면 짧은 스트로크는 힘의 방향을 일정하게 유지해 먼지가 앞으로만 모이도록 하고, 섬유가 바닥에 안정적으로 밀착되어 지속적인 마찰력을 확보할 수 있다.

쓰레받기는 빗자루가 오는 방향을 정확히 향하도록 두어야 먼지가 입구에서 새지 않으며, 바닥과의 접촉면을 최대한 평행하게 유지하면 미세한 입자까지 쉽게 포집된다. 이처럼 빗자루와 쓰레받기를 사용할 때 우리는 의식하지 못 하는 사이에 마찰, 중력, 힘의 전달, 지렛대 원리 등 여러 물리 법칙을 동시에 활용하고 있다. 단순해 보이는 쓸고 담는 동작조차도 이러한 물리적 조건이 맞아떨어질 때 그 효율이 극대화된다.

최근에는 기능성과 디자인이 결합된 혁신적인 빗자루와 쓰레받기가 등장하면서 간단한 청소 도구에서 더욱 실용적이고 스마트한 도구로 진화하고 있다. 최신 빗자루와 쓰레받기의 변화는 공간 활용성, 자동화 기능, 디자인 혁신 등의 키워드로 요약할 수 있다. 전통적인 빗자루는 사용 시 허리를 굽혀야 하는 불편함이 있었으나 최근 제품들은 인체공학적 설계로 긴 손잡이와 조절형 손잡이를 채택하여 사용자가 더욱 편안하게 청소할 수 있도록 제작되었다. 손잡이 각도를 조절할 수 있는 기능이 적용된 제품들은 장시간 사용 시 피로도를 줄이며 보다 효율적으로 먼지를 쓸어낼 수 있도록 돕는다.

그뿐만 아니라 기존의 빗자루와 쓰레받기는 사용 후 보관이 번거롭다는 단점이 있었지만 접이식 또는 분리형 디자인이 적용되면서 컴팩트한 보관이 가능한 제품들이 늘어나고 있다. 특히 빗자루와 쓰레받기를 하나로 결합하여 좁은 공간에서도 쉽게 수납할 수 있는 형태가 인기를 끌고 있다. 더 나아가 스탠드형 설계로 빗자루와 쓰레받기를 벽에 기대어 놓을 필요 없이 바닥에 세워둘 수 있는 제품들도 등장하였다.

또한 제품에 자동화 기능이 추가되면서 편의성이 크게 향상되었다. 특히 흡입 기능이 결합된 쓰레받기 vacuum dustpan 는 빗자루로 쓸어 넣기만 하면 자동으로 먼지를 빨아들인다. 이는 기존의 수동 쓰레받기에 비해 먼지 유실을 줄여 보다 깔끔한 청소가 되도록 돕는다. 또 쓰레받기에는 빗자루를 털어낼 수 있는 먼지떨이 솔이 내장되어 있어 머리카락이나 먼지가 엉겨 붙는 문제를 해결해 준다.

빗자루와 쓰레받기가 지금의 형태로 자리 잡기까지의 변화는 우연이 아니다. 사용자의 동작과 물리적 원리를 면밀히 관찰한 결과, 솔의 배열과 길이, 손잡이의 각도, 쓰레받기의 입구 높이처럼 사소해 보이는 요소들이 청소 효율을 크게 좌우한다는 사실이 밝혀졌기 때문이다. 이러한 개선은 모두 적은 힘으로 더 많은 먼지를 모으기 위한 방향으로 이루어져 왔다.

그 결과 현대의 청소 도구는 과거보다 훨씬 가볍고 균형 잡혀 있으며, 자연스럽게 올바른 각도와 힘이 만들어지도록 설계되어 있다. 단순한 도구처럼 보이지만 그 속에는 수백 년 동안 축적된 경험과 물리적 이해가 응축된 진화의 흔적이 담겨 있는 셈이다.[16]

모세관 현상부터 정전기까지, 걸레질의 원리

앞서 빗자루와 쓰레받기의 과학을 살펴보았다면 이제 바닥 청소의 또 다른 핵심 도구인 물걸레로 시선을 옮길 차례다. 빗자루가 건식 청소의 대표라면 물걸레질은 바닥에 남은 먼지와 얼룩을 제거하는 습식 청소의 기본 방식이다. 걸레질은 걸레가 물을 머금고 먼지를 포착해 표면을 깨끗하게 만드는 복합적인 과정이다. 이때 모세관 현상, 표면장력, 점성, 마찰력, 정전기 등 다양한 물리적 원리가 함께 작용하여 먼지를 효과적으로 제거한다.

먼저 걸레가 물에 젖는 현상은 모세관 현상과 표면장력에 의해 발생한다. 걸레를 물에 담그면 빠르게 젖으며 많은 양의 물을 흡수하게 되는데, 이는 걸레의 섬유가 수많은 작은 틈을 형성하고 있기 때문이다. 이러한 틈을 따라 물이 이동하는 것이 바로 모세관 현상이다. 모세관 현상은 물 분자들이 걸레 섬유와 강하게 결합하면서 물을 위로 끌어올리는 과정이다. 마치 비스킷을 차에 담갔을 때 차가 천천히 스며드는 것과 같은 원리다. 걸레의 섬유가 가늘고 촘촘할수록 모세관 현상이 강해져 더 많은 물을 흡수할 수 있다. 이로 인해 물이 섬유 조직을 따라 이동하면서 먼지를 함께 끌어올리며, 먼지가 걸레에 흡착되는 주요한 원리 중 하나다.

또한 물 분자는 서로 강하게 끌어당기는 힘을 가지므로 먼지 입자가 물 속에 포획되면서 걸레 표면으로 이동하는데, 이는 표면장력의 작용으로 설명할 수 있다. 표면장력은 물방울이 먼지 입자를 감싸면서 걸레에 부착되도록 돕는 역할을 한다.

물걸레질에서 먼지가 걸레에 달라붙는 또 다른 원리는 정전기적 흡착이다. 먼지 입자는 공기 중에서 정전기를 띠는 경우가 많고 물 분자는 극성을 지니기 때문에 상호 작용을 통해 먼지를 끌어당긴다. 특히 젖은 걸레가 마른 걸레보다 효과적인 이유는 물이 높은 유전 상수 dielectric constant를 가진 매질이어서 먼지가 걸레 표면에 더 강하게 부착되기 때문이다.

또한 점성과 마찰력도 중요한 역할을 한다. 물은 점성이 있어 먼지 입자를 감싸 걸레 표면으로 옮기고 걸레가 바닥을 문지를 때 발생하는 마찰력은 먼지를 섬유에 단단히 붙게 한다. 표면이 거칠거나 미세한 굴곡이 있는 바닥은 더 많은 먼지를 제거할 수 있지만 지나치게 거친 표면에서는 물이 고르게 퍼지지 않아 적절한 힘 조절이 필요하다.

세제를 사용한 물걸레질에서는 계면 활성제가 보조적인 역할을 한다. 계면 활성제는 친수성과 소수성을 동시에 가지고 있어 먼지나 기름 성분을 감싸 물과 쉽게 결합하도록 도와준다. 이러한 과정으로 인해 먼지와 오염 물질은 더욱 안정적으로 걸레에 흡착되며 세정 효과가 향상된다.

물걸레질의 원리를 이해했다면, 이제는 이를 바탕으로 어떻게 하면 더 효과적으로 바닥을 청소할 수 있을지 방법을 살펴볼 필요가 있다. 효율적인 걸레질 방법으로는 S자 패턴으로 닦는 것이 있다. 한 방향으로만 걸레질을 하면 먼지가 특정 방향으로만 밀려 일부 남을 수 있지만 S자 패턴으로 움직이면 표면을 더욱 균일하게 청소할 수 있다. 또한 물과 세정제가 표면 전체에 균일하게 분포되어 청소 효과를 극대화할 수 있다. 걸레를 사용할 때 지나치게 강한 힘을 가하면 마찰력이 커지지만 물이 걸레에서 빠져나와 얼룩이 남을 수 있다. 적절한 압력을 유지하면 물과 먼지가 잘 흡수되면서 표면이 깨끗하게 닦인다. S자 패턴은 균일하게 영역을 덮고 이동 효율을 높일 수 있어 청소뿐 아니라 농업에서도 활용된다. 예를 들어 트랙터나 드론이 밭을 갈거나 농약을 살포할 때 S자 경로로 움직이면 겹침 없이 넓은 면적을 효과적으로 커버할 수 있다.

걸레질을 할 때 물의 온도는 중요한 요소다. 찬물보다는 미지근한 물이 더 효과적인데, 따뜻한 물은 기름때를 녹이고 세제의 계면 활성 효과를 증가시킨다. 기름이 뜨거운 물에 잘 녹는 이유는 온도가 높을수록 분자 운동이 활발해져 기름 분자가 분해되기 쉬워지기 때문이다.

또한 걸레의 습도 조절도 중요하다. 너무 마른 걸레는 먼지를 흡착하지 못하고 먼지가 공중에 흩날릴 수 있으며, 반대로 너무 젖은 걸레는 오염 물질이 표면에 남아 얼룩이 생길 가능성이 높다. 걸레를 적당히 적시고 물기를 짠 후 사용하는 것이 가장 효과적이다. 걸레질 후 표면을 빠르게 건조시키는 것도 얼룩을 방지하는 중요한 요소다. 공기 흐름을 조절하여 표면의 물이 자연적으로 증발할 수 있도록 돕는 것이 이상적이다.

세정제를 사용할 때는 적절한 농도를 유지해야 한다. 세정제를 너무 많이 사용하면 표면에 잔여물이 남아 먼지가 다시 달라붙을 수 있기 때문이다. 일반적인 먼지 제거에는 물만으로도 충분한 경우가 많으며, 기름때나 심한 얼룩을 제거할 때만 세정제를 적절히 사용하는 것이 좋다.

이처럼 물걸레질을 통한 먼지 제거는 여러 물리학적 원리가 함께 작용하는 과정이다. 모세관 현상과 표면장력은 물이 먼지를 끌어올리는 데 기여하고 정전기적 흡착은 먼지를 걸레에 달라붙게 한다. 여기에 점성과 마찰력은 먼지를 안정적으로 붙잡아두고 계면 활성제는 세정 효과를 더욱 높인다. 이러한 원리들을 이해하면 물의 양과 습도, 마찰력, 움직임의 패턴을 조절해 더 적은 노력으로도 효과적인 청소가 가능하다.

휴지통의 과학

휴지통은 집 안의 청소 도구 가운데 가장 눈에 띄지 않지만, 실제로는 모든 청소 과정의 종착점이라 할 수 있다. 빗자루로 모은 먼지 등을 마지막으로 받아들이는 장치가 바로 휴지통이기 때문이다. 겉보기에는 단순한 용기처럼 보이지만 휴지통의 구조와 재료, 이동 방식, 위생 설계에는 다양한 과학적 원리가 숨어 있다.

휴지통에서 가장 먼저 고려되는 요소는 재료다. 가정용으로 널리 쓰이는 플라스틱은 가볍고 세척이 편리하지만 표면 미세 구조 때문에 냄새 분자가 남기 쉬운 단점이 있다. 반면 스테인리스 스틸은 표면이 매끄럽고 냄새 흡착이 적어 주방처럼 악취 관리가 중요한 공간에서 선호된다. 최근에는 항균 코팅 antibacterial coating 이나 방취 필터 odor filter, 실리콘 패킹 등을 적용해 냄새가 새어 나오는 것을 줄이거나 내부 세균 증식을 억제하는 제품도 등장해 위생성이 한층 강화되었다.

휴지통의 작동 방식에도 물리학이 개입한다. 대형 휴지통이나 산업용 처리 시스템에서는 쓰레기의 부피를 줄이기 위해 압축 장치가 적용되며, 이동식 휴지통의 바퀴는 마찰을 줄여 적은 힘으로도 휴지통을 끌 수 있게 한다. 일부 모델의 손잡이와 축 구조는 지렛대 원리를 활용해 무거운 휴지통을 들어 올리는 힘을 줄여준다. 자동 개폐 휴지통은 적외선 센서가 사용자의 움직임을 감지해 서보 모터 servo motor 로 뚜껑을 여닫는 방식으로 위생성과 편의성을 높인다.

하지만 아무리 구조가 정교해도 휴지통은 본질적으로 오염물의 집합소인 만큼 휴지통의 위생 관리 또한 중요하다. 쓰레기는 시간이 지나면 수분과 유기물이 분해되면서 악취가 발생하고, 그 과정에서 박테리아와 곰팡이가 빠르게 증식한다. 특히 습한 환경은 미생물의 번식 속도를 기하급수적으로 높이는 특성이 있어 휴지통 내부가 오래 젖어 있으면 냄새와 오염이 쉽게 심해진다.

이 때문에 일부 휴지통에는 항균 코팅이 적용되는데, 이는 표면에 닿은 세균의 세포막을 손상시키거나 증식을 억제해 오염이 퍼지는 것을 늦추는 역할을 한다. 또한 내부에 장착된 방취 필터는 냄새의 원인이 되는 분자들을 포획하거나 분해해 악취 확산을 줄인다. 이러한 필터는 활성탄이나 제올라이트처럼 표면적이 넓고 흡착력이 높은 물질을 이용하는 경우가 많아, 냄새 분자가 표면에 달라붙는 흡착 adsorption 작용을 통해 공기 중 악취를 효과적으로 줄인다.

하지만 이러한 코팅이나 필터가 없어도 걱정할 필요는 없다. 가장 간단하면서도 효과적인 방법은 휴지통 바닥에 흡수층을 만드는 것이다. 신문지나 키친타월을 한 장 깔아두면 바닥에 고이는 물기와 미세한 오염물이 먼저 흡수되어 악취 생성을 늦출 수 있다. 그 위에 쓰레기 봉투를 씌우면 내부 벽면이 더럽혀지는 일을 줄일 수 있어 세척 주기도 길어진다.

봉투를 씌우는 방식에서도 작은 차이가 실사용 편의에 영향을 준다. 봉투의 입구를 휴지통 테두리 위에만 걸치기보다 테두리를 감싸듯 안쪽으로 살짝 접어 넣으면 봉투가 쓰레기 무게 때문에 안으로 말려 들어가는 일을 방지할 수 있다. 또한 휴지통을 비울 때 봉투가 잘 빠지지 않는 이유는 내부의 공기가 빠져나가지 못해 압력이 걸리기 때문인데, 이때는 봉투 옆면을 가볍게 눌러 공기를 빼면 훨씬 부드럽게 분리된다. 사각형 휴지통은 모서리에 걸리는 경우가 많아 봉투를 조금씩 흔들어 여유 공간을 만든 뒤 들어올리면 힘을 덜 들이고 뺄 수 있다.

휴지통 자체도 주기적으로 세척해야 한다. 내부에는 눈에 보이지 않는 오염막이 쉽게 생기기 때문에 온수와 세제를 이용해 씻고 완전히 건조시키는 것만으로 악취의 상당 부분을 예방할 수 있다. 습한 표면은 곰팡이와 세균이 증식하기 좋은 환경이므로 건조 과정이 특히 중요하다.

휴지통의 위치 역시 중요한 요소다. 쓰레기가 가장 많이 발생하는 지점을 중심으로 휴지통을 배치하면 이동 동선이 줄어들어 청소 효율이 높아지고 냄새가 쉽게 나는 폐기물은 환기가 잘되는 공간이나 밀폐력이 좋은 뚜껑형 휴지통과 함께 두는 것이 효과적이다. 또한 휴지통을 바닥에 직접 두기보다 약간 띄워 놓으면 바닥 청소가 쉬워지고 통 아래에 먼지나 물기가 고이는 것을 방지할 수 있다. 이러한 배치 방식은 단순한 편의의 문제가 아니라 오염이 특정 영역에 집중되지 않도록 고려한 공간 관리의 일부라 할 수 있다. 즉, 휴지통의 선택뿐 아니라 그것을 어디에 어떻게 두는지 역시 위생 수준과 청소의 난이도를 좌우하는 중요한 변수다.

휴지통은 청소의 마지막 단계에서 쓰레기를 모으는 역할을 넘어 공학적 설계와 생활 과학이 함께 작동하는 공간 위생의 핵심 요소라 할 수 있다. 휴지통의 사용 방식에 따라 악취, 세균 증식, 사용 편의가 크게 달라지기 때문에 휴지통 관리에 신경 쓰는 것이 바람직하다.

선풍기 날개의 먼지

바람이 불면 먼지가 흩날린다는 것은 누구나 아는 상식이다. 하지만 바람을 만드는 선풍기 날개에 먼지가 잔뜩 붙어 있는 모습을 본 적이 있을 것이다. 먼지는 왜 날아가지 않고 어떻게 날개에 단단히 매달려 있는 것일까?

먼저 날개 표면 근처의 공기 흐름에 대해 이해할 필요가 있다. 공기는 점성이 매우 작아 일반적으로 점성을 무시하고 비점성으로 가정해도 무방하다. 하지만 날개 표면에 매우 인접한 부분에서는 점성을 무시할 수 없는데, 이 때 그 얇은 층을 경계층 boundary layer이라 한다. 점성 있는 유체가 표면에 달라붙듯이 이 경계층 안에서는 공기의 속도가 매우 느리기 때문

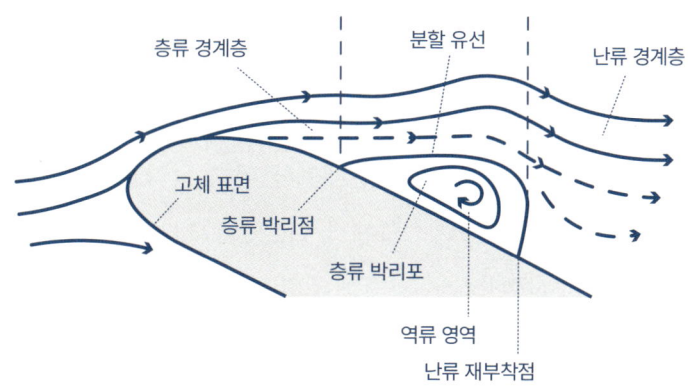

선풍기 날개 표면의 경계층 안 공기 속도는 매우 느려 먼지가 떨어지지 않는다.

에 먼지 역시 떨어져 나가지 못한다. 이러한 경계층 이론은 1904년 독일의 유체역학자 루트비히 프란틀 Ludwig Prandtl 이 처음으로 제시하였으며, 비행기처럼 빠르게 움직이는 물체 표면에서 나타나는 현상을 설명한다.

경계층의 두께는 유속과 밀접한 관련이 있다. 경계층 내 유속은 물체 표면에서 거리가 멀어질수록 증가하여 자유류free-stream 속도에 근접하는데, 통상적으로 유속이 자유류 속도의 99%까지 근접하는 거리를 의미한다. 이때 경계층보다 작은 크기의 먼지 입자는 공기 흐름의 영향을 거의 받지 않으며, 날개 표면에 그대로 남는다. 의도와는 전혀 다르게 선풍기가 집진기 역할을 일부 하는 것이다. 비슷한 원리로 선풍기 날개뿐만 아니라 설거지할 때 그릇을 물에 헹구는 것만으로는 표면의 얇은 오염층이 제거되지 않는다. 기름때를 효과적으로 제거하려면 수세미로 문지르거나 세제를 사용해야 한다.

따라서 선풍기 날개에 붙은 먼지는 가볍게 닦는 것으로는 쉽게 제거되지 않는다. 이미 날개에 단단히 달라붙어 있는 먼지는 바람이 불 때 자연스럽게 떨어질 먼지가 아니기 때문에 괜히 어설프게 청소하면 접착력을 잃고 오히려 공기 중에 날려 더 난감한 상황이 될 수 있다. 결국 반쯤 하다 만 청소는 긁어 부스럼을 만드는 꼴이며, 오랫동안 묵은 때 역시 어설프게 벗겨내려 하면 차라리 건드리지 않는 것만 못할 때가 있다.

선풍기 날개의 먼지와 비슷한 상황은 자동차에서도 찾아볼 수 있다. 자동차가 빠른 속도로 주행하면 강한 공기 흐름이 발생하므로 먼지가 차 표면에서 쉽게 날아갈 것처럼 보인다. 그러나 실제로는 자동차 외부, 특히 후면 유리나 측면 거울, 차체 곳곳에 먼지가 쌓이는 현상을 흔히 볼 수 있다. 이 현상은 앞서 설명한 유체역학적 개념인 경계층 형성과 공기 흐름의 압력 차이, 와류의 영향으로 설명할 수 있다.

자동차가 달릴 때 공기가 차체를 따라 흐르면서 선풍기 날개와 마찬가지로 표면 가까이 경계층이 형성된다. 자동차 표면과 직접 접하는 공기는 점착 조건 no-slip condition 에 의해 자동차와 동일한 속도를 가지며, 이로 인해 표면 가까운 공기층의 흐름이 약해진다. 경계층 내부에서는 공기 흐름이 상대적으로 정체되어 먼지가 쉽게 붙을 수 있다. 특히, 자동차 표면에서 경계층의 두께가 증가할수록 먼지가 날아가지 않고 그대로 부착된다.

자동차 후면에 먼지가 집중적으로 쌓이는 현상은 공기 흐름의 압력 차이와 와류 vortex 형성 때문이다. 차량이 빠르게 이동하면 차체 앞쪽에서 공기가 부딪혀 흐름이 갈라지고 양옆과 위쪽으로 흐르며 후면에서 다시 합쳐진다. 그러나 공기가 완벽하게 결합되지 못하고 난류가 발생하면서 자동차 후면에 낮은 압력 구역이 형성된다. 이 구역에서는 공기 흐름이 불완전하게 합쳐지고 작은 소용돌이가 형성되어 먼지가 정체되거나 차량 후면으로 흡입된다. SUV나 트럭처럼 뒤쪽이 평평한 차량은 후면 공기 흐름이 더욱 불안정하여 먼지가 많이 맴도는 경향이 있다.

이 원리는 집안의 다른 공간에도 그대로 적용된다. 전자레인지 상단 환기구, 공기 청정기 흡입구, 에어컨 필터 주변이나 TV 뒤쪽의 환기 슬롯처럼 공기 흐름이 갑자기 좁아지는 지점에서는 작은 소용돌이와 국소적인 정체가 발생한다. 이러한 구간은 항상 공기 흐름이 약해 경계층이 쉽게 두꺼워지며, 먼지가 겹겹이 쌓여 잘 떨어지지 않는다. 외부에서 유입된 먼지가 아니라 실내 순환 중에 만들어지는 난류가 만든 흔적이라 할 수 있다.

이처럼 선풍기 날개와 집안 곳곳의 환기 구조물은 먼지가 생기기 쉬운 물리적 조건을 가지고 있기 때문에 청소할 때에도 이를 고려한 접근이 필요하다. 단순히 바람을 세게 불어 먼지를 털어내려는 시도는 효과가 별로 없고, 오히려 경계층을 깨뜨릴 수 있는 직접적인 접촉이 필요하다.

효율적인 청소 방법은 의외로 단순하다. 먼저 먼지가 공기 중으로 흩날리지 않도록 분무기로 미세하게 물을 뿌려 표면을 적신다. 그 다음 부드러운 천이나 미세 솔을 이용해 날개의 곡면을 따라 힘을 가해 닦아주면 경계층이 깨지면서 먼지가 함께 떨어져 나온다. 날개 끝부분과 중심 허브 사이의 굴곡은 난류가 가장 많이 생기는 곳이므로 한 번 더 집중적으로 닦아주는 것이 좋다.

선풍기 커버는 망 구조로 되어 있어 작은 소용돌이가 지속적으로 생기는 구간이다. 커버 뒤편을 닦을 때에는 물티슈보다 마른 극세사 천이 효과적인데, 이는 물기가 오히려 먼지를 다시 붙이는 매개가 되기 때문이다. 분리 가능한 제품이라면 커버를 떼어낸 뒤 샤워기로 물줄기를 약하게 조절해 경계층을 흐트러뜨리면 먼지가 더 쉽게 제거된다.

선풍기 날개와 집안 환기 구조물의 먼지는 공기 흐름이 만든 미세한 경계층과 난류의 흔적이다. 이 과학적 원리를 이해하면 바람이 아무리 세게 불어도 먼지가 자연스럽게 떨어지지 않는 이유를 알 수 있고, 청소할 때 어떤 방식이 더 효과적인지도 자연스럽게 떠오르게 된다.[17]

[날개 없는 선풍기와 다이슨의 혁신]

인간은 익숙한 형태와 상식에 쉽게 얽매이는 존재다. 선풍기 하면 '돌아가는 날개'를 떠올리는 것도 그중 하나다. 우리는 바람을 만들기 위해서는 반드시 날개가 회전해야 한다고 생각해왔지만 기술은 이 오래된 믿음을 뒤집었다. 날개 없는 선풍기는 '보이지 않는 바람'을 만들어내며 우리의 인식이 얼마나 제한적이었는지를 보여주는 대표적인 사례다.

1882년 미국 엔지니어 슈일러 휠러가 양날형 선풍기를 발명한 이후로 선풍기의 구조는 오랫동안 크게 변하지 않았다. 그런 상식을 무너뜨린 것이 2009년 다이슨 Dyson이 선보인 '에어 멀티플라이어 Air Multiplier'다. 이 제품은 날개가 보이지 않지만 내부에 숨겨진 원통형 팬이 바람을 만들어 곡면 유로를 따라 증폭시키는 방식으로 작동한다. 이는 유체가 곡면을 따라 흐를 때 그 면에 붙어 이동하는 코안다 효과 Coanda effect를 응용한 것으로 소량의 공기가 빠른 속도로 흐르며 주변 공기를 함께 끌어들여 강력하고 균일한 바람을 만들어낸다.

날개 없는 선풍기는 이러한 구조 덕분에 안전성과 유지 관리 면에서 기존 제품을 크게 능가한다. 회전하는 날개가 외부에 노

다이슨의 날개 없는 선풍기는 가전업계에 혁신적인 바람을 몰고 왔다.

출되지 않아 다칠 위험이 없으며, 날개나 그릴에 먼지가 쌓일 일도 적어 청소가 훨씬 간편하다. 필터를 적용하면 실내 공기 정화 기능까지 더할 수 있어 위생적인 측면에서도 유리하다. 고가임에도 꾸준히 판매되는 이유가 여기에 있다.

이 혁신의 중심에는 영국의 엔지니어이자 산업 디자이너 제임스 다이슨 James Dyson 이 있다. 그는 제품 설계와 공기 흐름 기술에 대한 관심을 바탕으로 1980년대 초 먼지 봉투 없이 원심력만으로 먼지를 분리하는 싸이클론 방식 진공청소기를 개발하며 가전 산업에 큰 변화를 일으켰다. 다이슨의 싸이클론 기술은 빠르게 회전하는 공기의 원심력을 이용해 필터 없이도 먼지를 분리하는 방식으로 기존 청소기의 흡입력 감소 문제를 해결하며 브랜드의 정체성을 확립했다.

무선 청소기, 공기 청정기, 헤어 드라이어, 선풍기 등을 비롯한 다이슨의 대표 제품군은 모두 유체역학의 응용을 중심에 두고 있다. 디지털 모터는 초고속 회전을 통해 효율적인 공기 흐름을 형성하고, 내부 구조는 공기 저항을 최소화하도록 세밀하게 설계되었다. 공기가 흐르는 각 단계가 최적화되어 있으며 이로 인해 작은 크기에서도 강력한 성능을 구현할 수 있다. 에어 멀티플라이어 기술 역시 흡입된 공기를 좁은 통로로 고속 배출하여 주변 공기를 끌어들이는 방식으로 바람을 증폭시키며, 이는 청소기의 흡입력과 공기 이동 효율성 향상에도 동일하게 적용된다.

다이슨은 유체역학 원리를 기반으로 가전 제품의 디자인과 기능을 동시에 혁신한 브랜드로 날개 없는 선풍기 역시 그 기술적 야심을 상징하는 대표 작품이다. 보이지 않는 공기를 다루는 과학적 설계는 단순한 형태 변화가 아니라 기존 가전 제품의 한계를 근본적으로 뛰어넘은 기술적 전환점이라 평가받는다.

먼지를 삼키는 강력한 포식자, 진공청소기

　1901년 영국 웨스트민스턴 성당에서 빅토리아 여왕의 장남 에드워드 7세의 대관식이 열릴 예정이었다. 그는 당시 평균 수명을 감안하면 매우 늦은 나이인 60세에 즉위하게 되어 더욱 중요한 행사였다. 하지만 대관식 당일 중요한 문제가 발생하였다. 성당에 깔린 카펫이 무척 더럽다는 점을 뒤늦게 발견한 것이다. 카펫을 빨기에는 시간이 너무 촉박하였다.

　이 소식을 전해 들은 엔지니어 허버트 세실 부스Hubert Cecil Booth는 즉시 자신이 발명한 진공청소기vacuum cleaner를 가지고 나타났다. 그는 진공청소기로 카펫을 깨끗이 청소하는 데 성공하였고 마침내 대관식을 무사히 치를 수 있었다. 뒤늦게 이 사연을 알게 된 에드워드 7세는 부스에게 난생 처음 보는 놀라운 기계의 시연을 부탁하였고 부스는 버킹엄 궁에서 이를 직접 보여주었다. 이후 왕과 여왕은 진공청소기 두 대를 구입하였고 이 소문은 널리 퍼져 나갔다.

　먼지를 바람으로 치우는 기술은 그 이전에도 존재하였다. 다만 바람을 불어 먼지를 털거나 흩뿌리는 방식이었다. 부스는 발상의 전환을 통해 먼지를 빨아들이는 방식을 떠올렸다. 그는 식당에서 손수건을 카펫 위에 깔고 입을 바짝 붙인 후 숨을 빨아들이는 간단한 실험을 하였다. 부스의 예상대로 손수건에 먼지들이 달라붙어 있었고 이를 계기로 진공청소기를 개발하였다.

초기의 진공청소기는 마차 형태로 5마력의 엔진이 실려 있었고 긴 호스를 연결해 먼지를 빨아들이는 형태였다. 부스는 이 아이디어를 발전시켜 엔진과 흡입 펌프, 그리고 천을 이용해 진공청소기를 만들고 1902년 영국 진공청소기 회사 British Vacuum Cleaner Company를 설립하였다. 당시 진공청소기의 크기가 마차와 비슷할 정도로 너무 커서 청소기를 판매하지 않고 고객이 부르면 직접 방문하여 청소를 해주는 서비스를 제공하였다.

대형 청소기는 효율적이었지만 부피가 크고 이동이 불편해 가정에서 쓰기에는 한계가 있었다. 이후 1907년 미국의 제임스 스팽글러 James Spangler가 크기가 작은 휴대용 진공청소기를 발명하였다. 호텔에서 청소 일을 하던 스팽글러는 바람에 날린 먼지를 많이 마셔 천식에 걸렸다. 최대한 먼지를 마시지 않고 청소하는 방법을 고민하던 그는 우연히 선풍기 날개 뒤로 옷이 빨려 들어가는 것을 보고 이와 비슷하게 청소기 안으로 먼지가 들어가게 하는 방법을 연구하였다. 다만 이 과정에서 너무 많은 돈을 쓴 스팽글러는 생활이 어려워져 친척인 윌리엄 후버 William Hoover에게 진공청소기 발명 특허권을 판매하였다. 사업 수완이 좋았던 후버는 가정용 진공청소기를 전

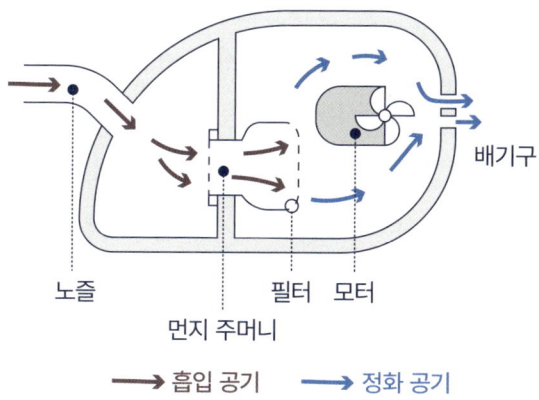

모터로 공기를 빨아들이고 먼지와 이물질을 필터로 걸러 먼지통에 포집하는 진공청소기

세계적으로 판매함으로써 그의 이름이 대중에 널리 퍼지게 되었다. 스카치 테이프, 버버리 코트처럼 지금도 미국에서 후버는 진공청소기의 대명사로 쓰일 뿐더러 사전에서 hoover는 vacuum과 같은 뜻으로 '진공청소기로 청소하다'라는 동사로 등록되었다.

진공청소기는 모터와 팬을 이용해 진공처럼 매우 낮은 압력을 형성하고 상대적으로 높은 압력에 위치한 먼지를 공기와 함께 빨아들이는 원리로 작동한다. 가정에서 주로 사용하는 진공청소기는 먼지와 함께 공기가 들어오는 호스, 먼지를 걸러내고 바람만 통과시키는 필터, 팬의 회전으로 낮은 압력을 만들어내는 송풍기로 이루어져 있다. 1분에 수만 번 회전하는 모터는 청소기 내부를 진공에 가까운 상태로 만들고 고기압에서 저기압으로 이동하는 공기와 함께 먼지를 빨아들인다. 필터는 조밀할수록 미세한 먼지를 잘 걸러낼 수 있지만 그만큼 공기 저항이 커져 흡입력이 떨어진다는 단점도 있다. 전력 소비와 흡입력, 여과 성능 사이의 균형이 진공청소기 설계의 핵심이다.

사실 진공청소기는 단순히 강한 흡입력만으로 성능이 결정되는 기계가 아니다. 압력 차이와 공기 흐름으로 작동하는 만큼 청소기의 움직임과 표면의 조건에 따라 효율이 크게 달라진다. 예를 들어 가벼운 발매트나 러그는 청소기 헤드가 지나갈 때 들려 올라가기 쉬운데, 이는 흡입구 주변에서 순간적으로 낮은 압력이 형성되어 매트 아래 공기가 빨려 들어가기 때문이다. 이때 매트의 가장자리를 발로 가볍게 눌러 고정하거나 헤드를 약간 비스듬하게 통과시키면 압력 차가 줄어들어 훨씬 안정적으로 청소할 수 있다.

바닥 전체를 청소할 때 효율적인 걸레질 방법으로 소개한 것처럼 S자 패턴으로 이동하는 데에도 과학적 근거가 있다. 직선 왕복은 먼지를 한 방향으로 밀어 놓치는 구역이 생기지만, S자 경로는 흡입 폭을 겹치지 않게 배치해 표면을 고르게 덮으며 공기 흐름이 끊기지 않아 더 많은 먼지가 포착된다. 또한 미세 먼지를 제거할 때는 헤드를 빠르게 움직이기보다 조금 더 천천히 밀어주는 것이 효과적이다. 흡입구 주위의 압력차가 충분히 유지되어 먼지가 안정적으로 이동할 시간을 벌어주기 때문이다. 이런 작은 사용 방식의 차이만으로도 같은 청소기로 훨씬 더 큰 효과를 얻을 수 있다.

최근의 진공청소기 기술은 이런 기초 원리를 정교하게 제어하는 방향으로 발전하고 있다. 예를 들어 청소기 헤드에 장착된 레이저는 바닥 표면에서 먼지 입자의 빛 산란을 극대화하여 눈에 보이지 않는 오염을 드러내고, 압전 센서는 흡입된 먼지의 양과 크기를 감지해 흡입력을 자동으로 조절한다. 여기에 공기 흐름을 최적화한 헤드 구조나 머리카락이 엉키지 않도록 회전 방향과 브러시 각도를 조정한 설계 등도 모두 유체역학과 분체공학을 적용해 나온 기술들이다. 진공청소기는 '먼지를 삼키는 기계'라는 단순한 역할을 넘어 공기를 어떻게 모으고 조절하느냐에 따라 성능이 달라지는 공기역학 장치이며, 사용자의 청소 방식과 최적화된 기기가 함께 작동할 때 가장 큰 성과를 낸다.

한편 공기의 압력 차이를 이용하여 물체를 수송하는 기술은 진공청소기뿐만 아니라 다양한 분야에 활용된다. 공기 수송관을 줄여 기송관 pneumatic tube 이라 부르는 장비는 인터넷 시대 이전의 첨단 통신 기술이었다. 1897년 뉴욕시 땅 아래

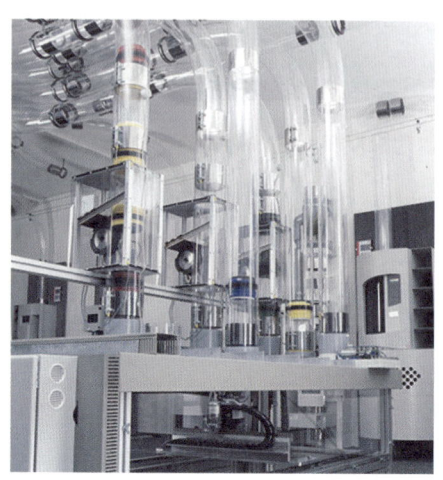

기송관은 압축 공기를 이용해 캡슐을 관 내부로 이동시키는 공기 수송 장치다.

에는 27마일의 관이 매설되었는데, 이는 압축 공기를 사용하여 우체국 간에 우편 용기를 쏘기 위한 최첨단 통신망이었다. 600통의 편지를 담을 수 있는 금속 용기를 밀어 보냈던 기송관 우편 체계는 1950년 대까지 지속되었다. 하지만 설치비와 관리비가 점점 높아짐에 따라 값싼 우편 요금으로는 감당이 되지 않아 역사 속으로 사라지게 되었다.

   오늘날 우리나라에서도 기송관은 의외로 일상 가까이에 자리 잡고 있다. 주로 원통 모양의 캡슐 안에 서류나 물건을 넣어 목적지로 보내는데 이동 속도는 8~20m/s 수준으로 꽤 빠르다. 코스트코 매장에서는 계산대의 현금을 직원이 직접 들고 다니지 않고 캡슐에 담아 기송관으로 금고까지 곧장 보낸다. 덕분에 도난 위험이 줄고 계산대 직원은 현금 관리 부담에서 벗어날 수 있다.

대형 병원에서도 기송관은 필수적인 설비다. 환자의 차트, 혈액 및 조직 검체, 약품 등을 신속하게 전달할 수 있어 의료진이 건물 사이를 오가며 시간을 낭비하지 않아도 된다. 특히 응급 상황에서 검체가 빠르게 이동하면 진단과 치료 속도 또한 크게 향상된다.

흥미로운 사례도 있다. 영동 고속도로의 안산 휴게소에서는 2층 조리실에서 만든 김밥을 기송관에 넣어 1층 판매대로 보낸다. 덕분에 직원이 계단을 오르내릴 필요가 없으며, 손님은 '튜브로 내려오는 김밥'이라는 독특한 경험을 즐길 수 있다.

이처럼 기송관은 효율성과 안전성은 물론 과학의 재미까지 품은 생활 속 기술 장치다. 우리가 무심코 지나치는 이 시스템 안에는 공기역학과 물리학의 원리가 숨어 있으며, 오늘날에도 유통과 의료 서비스 등 다양한 현장에서 활발히 활용되고 있다.

[진공의 과학]

진공 vacuum 은 공간 내에서 기체 분자가 거의 없는 상태를 의미하며, 이상적인 완전 진공에서는 어떠한 물질도 존재하지 않는다. 그러나 현실적으로 완전한 진공을 구현하는 것은 불가능하며, 우리가 일반적으로 말하는 진공은 대기압보다 낮은 불완전 진공 partial vacuum 을 의미한다. 진공의 개념은 기계공학, 우주과학, 전자기기 제조 등 다양한 분야에서 중요한 역할을 하며, 일상생활에서도 쉽게 찾아볼 수 있는 기술이다. 대표적인 예가 진공청소기로 이 장치는 진공의 원리를 이용해 공기 흐름을 조절하여 먼지와 이물질을 효과적으로 제거한다.

진공 상태에서는 기체 분자의 밀도가 낮아지면서 기압이 떨어지고 그에 따라 평균 자유 행로 mean free path 가 길어진다. 평균 자유 행로란 기체 분자가 다른 분자와 충돌하지 않고 이동할 수 있는 평균 거리를 의미하며 진공 상태에서는 이 거리가 길어져 분자 간 충돌이 줄어든다. 그 결과 진공 상태에서는 물질 간 화학반응이 둔화되고 열전달이나 음파 전달도 제한된다.

이러한 진공 상태를 인위적으로 만들기 위해서는 내부의 공기를 제거하는 과정이 필요하다. 진공을 생성하는 방법 중 대표적인 방식은 진공 펌프를 이용하는 것이다. 로터리 베인 펌프 rotary vane pump, 터보 분자 펌프 turbo molecular pump, 크라이오 펌프 cryo pump 등 다양한 종류의 진공 펌프가 있으며, 이들은 공간 내 기체를 제거하거나 포획하여 진공 상태를 형성한다. 이렇게 만들어진 진공은 다양한 산업과 일상 속에서 폭넓게 활용되고 있다.

우선 식품을 신선하게 보관하기 위한 진공 포장은 공기를 제거하여 산화 속도를 늦추고 미생물 번식을 억제함으로써 식품의 부패를 방지한다. 또한 우주 공간은 거의 완전한 진공 상태에 가깝기 때문에, 우주선과 우주복은 이 환경에서도 생명체를 보호할 수 있도록 설계된다. 열을 차단하는 보온병 역시 이중벽 사이에 진공층을 형성하여 열전도를 최소화하는 방식으로 작동하며, 건축 단열재에도 진공 패널이 활용된다. 의료 분야에서는 진공 추출기를 출산 보조 장치로 사용하거나 상처 치료 시 공기를 제거하여 회복을 촉진하는 진공 치료 기술을 적용하기도 한다.

반도체 제조에는 진공 기술이 필수적이다. 공정 중 불순물이 섞이지 않도록 극도로 청정한 조건이 유지되어야 하므로 반도체는 초고진공 환경에서 생산된다. 이러한 환경에서 증착과 식각 공정을 수행함으로써 불순물 오염을 최소화하고 고품질 반도체를 안정적으로 생산할 수 있다. 현대의 진공 기술은 반도체 제조, 우주 개발, 의료, 식품 보관 등 다양한 산업과 일상생활에서 필수적인 역할을 하는 과학적 원리다.

소리로 먼지를 치우다

청소는 이제 바닥의 먼지를 쓸어내는 수준을 넘어 공기 중 보이지 않는 미세입자까지 제거하는 정밀한 기술의 영역으로 확장되고 있다. 특히 산업 현장이나 대기 오염 제어 시스템에서 문제가 되는 것은 크기가 수 마이크로미터 이하인 초미세 입자다. 이들은 너무 작아 필터로 걸러지지도 않고 대기 중을 떠다니며 인체 건강에 해로운 영향을 준다. 이처럼 눈에 보이지 않는 먼지를 효과적으로 제거하기 위해 과학자들은 한 가지 흥미로운 방식에 주목했는데, 바로 소리다.

음향 응집 acoustic agglomeration이라 불리는 이 기술은 공기 중에 흩어져 있는 미세 입자들을 고출력 음파로 진동시키고 그 과정에서 입자들끼리 충돌하여 뭉치게 만드는 원리다. 너무 작아서 직접 제거하기 어려운 먼지들을 소리의 힘으로 서로 달라붙게 만든 뒤 무겁고 커진 상태에서 기존 필터나 집진 장치로 쉽게 포집할 수 있도록 유도하는 것이다.

1927년 미국 물리학자 로버트 윌리엄 우드 Robert Williams Wood가 처음 발견했으며, 이후 여러 연구자들이 이 현상을 실험과 이론으로 발전시켰다. 이 기술의 핵심은 음파가 공기 중 입자에 주는 물리적 영향이다. 음파가 입자를 흔들면서 그 진동에 의해 서로 부딪히게 만들고 이때 생기는 정전기적 인력이나 공기 흐름 효과가 입자들의 응집을 촉진한다. 이러한 현상에는 정운동학적 충돌, 음향 방사압, 소용돌이 후류 그리고 음향 흐름 같은 복합적인 물리 메커니즘이 작용한다. 특히 음파의 주파수와 강도 그리고 공기 중 입자의 농도와 크기 분포가 응집의 효율을 결정짓는 중요한 변수로 작용한다.[18]

구체적으로 음파를 이용한 미세 먼지 응집 기술에서는 입자의 크기에 따라 최적의 주파수가 달라진다. 예를 들어 44Hz와 같은 저주파는 수십, 수백 마이크론 크기의 큰 입자에 효과적이며, 30kHz에 이르는 고주파는 PM2.5나 서브마이크론처럼 작은 입자의 응집에 더 유리하다. 그러나 주파수가 너무 낮아 음파 진폭이 지나치게 크거나 반대로 너무 높아 진폭이 너무 작아지면 입자 간 상대 운동이 줄어들어 응집 효과가 떨어진다. 따라서 적절한 진폭과 운동을 유도할 수 있는 중간 수준의 최적 주파수를 설정하는 것이 핵심 사항이다.

최근에는 실험과 시뮬레이션을 통해 습도를 높이면 별도의 주파수 조정 없이도 응집 효율이 25~40%까지 증가할 수 있음이 보고되었다. 이처럼 음향 응집 기술은 이론을 넘어 실제 오염 제어 및 미세 먼지 저감 기술로서 실용화 가능성을 넓히고 있으며, 이미 일부 산업 분야에서 주목받고 있다. 예를 들어 발전소나 시멘트 공장처럼 대량의 연소 가스를 배출하는 현장에서는 배기 전에 음향 응집 장치를 설치해 미세 입자를 사전에 크게 만든 후 일반적인 전기 집진기나 백필터 bag filter 로 효율적으로 제거할 수 있다. 이는 필터의 수명을 연장하고 여과 효율을 높이며, 무엇보다도 유지보수 비용을 줄일 수 있다는 점에서 실용적인 장점이 크다.

또한 이 기술은 산업 현장뿐 아니라 공기 청정기나 HVAC 시스템 같은 생활 속 청소 기술로도 확장될 수 있다. 기존의 필터만으로는 제거하기 어려운 나노 입자나 물방울 형태의 미립자를 음향 응집으로 먼저 모은 뒤, 필터링을 진행하면 실내 공기의 정화 수준이 한층 높아진다. 특히 고습 환경이나 연기, 연무 등 다양한 형태의 공기 중 오염 물질에 적용할 수 있다는 점에서 그 활용 가능성은 매우 넓다.

물론 이 기술이 실제로 널리 쓰이기 위해서는 해결해야 할 과제도 있다. 높은 음압 수준을 지속적으로 유지할 수 있는 장치의 내구성, 에너지 소비량, 소음 문제 그리고 다양한 기류 조건에서의 성능 안정성 등이 그 예다. 하지만 기술이 발전하고 시스템이 정밀화되면서 이러한 문제는 점차 해결되어가고 있다.

결국 음향 응집은 먼지를 직접 쓸거나 빨아들이는 전통적인 청소 방식이 아닌, 물리학적 원리를 활용해 공기 중 보이지 않는 오염원을 통제하는 새로운 형태의 청소 보조 기술이라 할 수 있다.

[소리의 색다른 활용]

　물리학에서 소리는 감각적 현상을 넘어 에너지 전달과 물질 제어의 수단으로 널리 활용되고 있다. 특히 최근에는 음파를 이용해 불을 끄고 세척을 하거나 물체를 비접촉으로 조작하는 기술들이 개발되며 소리의 응용 가능성이 새롭게 조명받고 있다.

　대표적인 예는 소리를 이용한 소화 기술이다. 전통적인 화재 진압 방법이 물이나 소화약제를 사용하는 데 비해 이 기술은 저주파 음파를 불꽃에 쏘아 화염을 끄는 방식이다. 불꽃이 유지되려면 산소, 연료 그리고 열이 일정한 비율로 공급되어야 하는데, 강한 음파는 공기 중 산소 흐름을 교란시키고 불꽃 주변의 경계층을 흔들어 연소 조건을 무너뜨린다. 특히 저주파수 영역(30~60Hz)의 음파는 안정적인 진동을 제공하며, 실제 실험에서도 소리를 통해 촛불이나 소규모 화염을 끄는 데 성공한 사례가 보고되고 있다. 이러한 기술은 전자장비 주변이나 우주 공간처럼 물을 사용할 수 없는 환경에서 특히 유용할 수 있다.

　또 다른 응용 분야는 초음파 세척이다. 고주파의 음파가 물이나 세정액 속에 전해지면 미세한 기포가 생성되고 터지는 공동현상 cavitation 이 발생한다. 이때 발생하는 순간적인 미세 폭발은 표면의 이물질이나 오염물을 강하게 밀어내며, 사람의 손이 닿을 수 없는 틈새까지 세척이 가능하다. 초음파 세척은 치과 기구, 안경, 시계, 정밀 전자부품, 반도체 웨이퍼 등 다양한 분야에 널리 사용되고 있으며, 세척력이 강하면서도 표면에 손상을 발생시키지 않는다는 장점이 있다.

최근에는 음향 방사압을 활용한 음향 집게 acoustic tweezer 기술도 주목받고 있다. 특정 주파수의 음파를 집중시켜 물체에 방사압을 가하면, 작은 입자를 공중에 띄우고 위치를 조정하는 것이 가능하다. 이 기술은 물리적으로 접촉하지 않고도 미세한 물체를 조작할 수 있어 생명공학이나 나노 기술 분야에서 민감한 샘플을 다룰 때 특히 유용하다. 세포, 나노 입자, 생체 재료 등을 음파로 이동시키거나 배열하는 기술은 실험의 정밀도를 높이고 장비 접촉으로 인한 오염 위험을 줄이는 데 크게 기여한다.

또한 음파는 비파괴 검사 non-destructive testing 에도 활용된다. 초음파를 물체 내부로 전달하면, 내부의 균열이나 결함에서 반사되는 파형을 통해 내부 구조를 분석할 수 있다. 이 방법은 건물, 배관, 항공기 날개 등 구조적 안전성이 중요한 부품의 검사에 필수적이며, 외부를 손상시키지 않고 내부 상태를 진단할 수 있다는 점에서 널리 사용된다. 이와 유사한 원리로 작동하는 의료 초음파 영상 sonography 은 인체 내부를 안전하게 확인할 수 있는 영상 진단 기법으로 특히 산부인과, 심장내과, 복부 장기 검사 등에 광범위하게 활용되고 있다.

초음파는 주파수에 따라 인체 조직에 다른 영향을 미친다. 진단용 초음파는 낮은 에너지로 조직 내부를 관찰하는 데 쓰이지만 치료용 초음파는 높은 에너지를 가해 조직을 물리적으로 변화시키거나 파괴하는 데 활용된다. 고강도 집속 초음파 HIFU, High-Intensity Focused Ultrasound 는 강한 초음파를 한 지점에 집중시켜 종양 등 병변 조직을 고열로 괴사시키는 비침습 치료법이다. 절개 없이 체외에서 시술이 가능하며, 현재 전립선암과 자궁근종 등의 치료에 임상적으로 활용되고 있다. 또한 피부 조직의 콜라겐을 자극해 탄력을 높이는 리프팅 장비에도 응용되어 의료와 미용 분야에서 모두 주목받고 있다.

이처럼 음파는 눈에 보이지 않지만 강력한 도구로 물질을 조작하고 환경을 통제하는 데 점점 더 널리 활용되고 있다. 청소, 소화, 검사, 치료에 이르기까지 소리의 힘은 이제 과학 기술의 여러 영역에서 중요한 역할을 수행하고 있으며, 앞으로도 더욱 창의적이고 실용적인 방식으로 진화할 가능성이 크다.

로봇과 만난 청소기

로봇 청소기는 가전 기기, 로봇 기술의 발전과 함께 진화해 왔다. 기본 개념은 1980년대 처음 등장했으며, 이 시기부터 자율적으로 움직이며 청소를 수행할 수 있는 로봇에 대한 연구가 본격적으로 시작되었다. 연구자들은 센서와 알고리즘을 활용해 로봇이 스스로 장애물을 감지하고 회피하며, 효율적인 청소 경로를 계획하는 방법을 탐구했다.

미국의 공학자이자 발명가 조셉 잉글버거 Joseph Engelberger는 로봇 산업의 선구자로 1950년대 미국 최초의 산업용 로봇인 유니메이트 Unimate를 개발하였다. 그는 1980년대에 로봇이 가정 내에서도 활용될 수 있다는 새로운 가능성을 제시하였다. 잉글버거는 자율적으로 움직이는 로봇이 특히 청소와 같은 가사 노동을 대신할 수 있다고 보았고 이를 통해 로봇이 인간의 일상에 실질적으로 도움을 주는 미래를 그렸다.

가정용 로봇 청소기와 관련된 구체적인 연구는 미국 스탠퍼드 연구소 SRI International와 MIT 미디어 랩에서 주목받기 시작했다. 1960년대 후반부터 1970년대 초반에 걸쳐 스탠퍼드 연구소에서 진행된 셰이키 프로젝트 Shakey Project는 자율적으로 움직이며 장애물을 피하는 로봇의 초기 연구 사례다. 이 연구에서 사용된 기술과 개념이 나중에 로봇 청소기 개발에 영

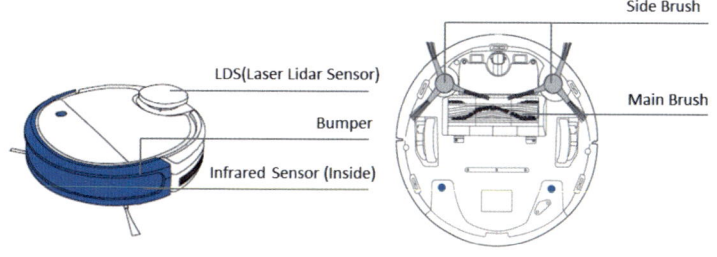

인공지능, 센서 기술, 자율 주행, 머신 러닝, 클라우드 데이터 처리 등 최첨단 기술이 접목된 로봇 청소기

향을 미쳤다. 셰이키는 비록 산업용 로봇이었지만 자율 주행과 경로 계획, 환경 인식 같은 기술은 이후 가정용 로봇 개발의 기초가 되었다.

한편 1980년대 MIT 미디어 랩에서는 자율주행 로봇의 개념이 한층 더 발전했다. 로드니 브룩스 Rodney Brooks 교수는 생물학적 시스템에서 영감을 받아 행동기반 로봇공학 behavior-based robotics 을 제안하였다. 이 접근법은 로봇이 복잡한 중앙 제어 없이도 주변 환경에 반응하며 스스로 간단한 작업을 수행할 수 있다는 아이디어로, 이후 로봇 청소기와 같은 가정용 자율 로봇 개발에 큰 영향을 미쳤다.

1980년대의 로봇 청소기 기술은 당시의 자율 주행 로봇 연구와 깊은 관련이 있다. 이 시기의 연구자들은 로봇이 환경을 인식하고 스스로 움직이면서 작업을 수행할 수 있는 가능성을 탐구했고 이러한 기술들이 결합되어 나중에 상용 로봇 청소기 개발로 이어졌다. 로봇 청소기의 초기 개념은 이와 같은 연구자의 노력과 자율 주행 기술의 발전을 통해 점진적으로 형성되었다.

1990년대는 자율 로봇 기술이 빠르게 발전하면서 가정용 청소 로봇의 상용화를 목표로 한 구체적인 개발이 본격적으로 이루어지던 시기다. 이 시기에는 다양한 대학과 연구 기관, 기업들이 자율 로봇 기술을 실제 제품으로 구현하기 위해 집중적인 연구를 수행했다. 센서 기술, 알고리즘, 배터리 성능 등 자동화 로봇을 위한 기초 기술이 크게 발전하였으며, 특히 로봇이 환경을 인식하고 경로를 계획하며, 자율적으로 움직일 수 있는 기술이 중점적으로 연구되었다. 이러한 연구 결과들은 훗날 로봇 청소기의 핵심 기술이 되었다.

노르웨이 과학기술대학교 NTNU 의 연구진은 자율 로봇을 활용한 청소 시스템에 대한 연구를 수행했다. 이들은 로봇이 복잡한 실내 환경에서 자율적으로 움직이며 장애물을 피하고 청소 경로를 계획하는 방법을 탐구했다. 이러한 연구는 로봇 청소기의 초기 프로토타입 개발에 기여했다.

아이로봇 iRobot 은 군사용과 산업용 로봇을 개발하던 미국의 기술 기업으로 1990년대 중반부터 가정용 로봇 시장의 가능성에 주목했다. 창업자들은 군사·산업 분야에서 축적한 기술을 바탕으로 가사 노동을 줄여줄 로봇 개발에 착수했으며, 가정용 청소 로봇을 목표로 한 연구와 실험을 이어갔다. 1990년대 후반에는 초기 프로토타입을 제작해 실제 환경에서 테스트를 진행하며 상용화 가능성을 검증했다. 이 시기의 연구와 개발은 로봇 청소기의 개념을 구체화하고 이후 상업적 성공으로 이어진 기술적 기반을 마련한 중요한 전환점이었다.

로봇 청소기의 상용화를 위해서는 하드웨어와 소프트웨어의 정교한 통합이 필수적이었다. 1990년대 후반 여러 연구 기관과 기업들이 카메라, 센서, 전자 회로, 알고리즘 등을 결합해 로봇이 실내에서 자율적으로 청소할 수 있는 기술을 개발했다. 이 시기에 로봇 청소기의 개념이 구체화되면서 경로 계획과 장애물 회피, 청소 효율 향상에 초점을 둔 초기 모델들이 등장했다. 이러한 기술적 진전은 로봇 청소기가 실제 가정에서 자율적으로 청소를 수행할 수 있는 현실적인 제품으로 발전하는 계기가 되었다.

2002년 아이로봇은 세계 최초의 상업적 로봇 청소기 룸바 Roomba를 출시하였다. 룸바는 자율적으로 방 안을 돌아다니며 바닥을 청소할 수 있는 기기로, 당시 기술로는 굉장히 혁신적이었던 초음파와 적외선 센서를 사용해 장애물을 피하고 청소가 필요한 곳을 찾아다녔다. 이러한 충돌 회피 기능은 로봇 청소기를 가정에서 안전하게 사용할 수 있도록 하는 중요한 기술 중 하나였다.

초기 룸바는 정교한 경로 계획보다는 랜덤 패턴으로 방을 청소하는 방식이었다. 일정 시간 동안 다양한 방향으로 움직이면서 가능한 많은 면적을 청소하도록 설계되었다. 또한 청소가 끝나거나 배터리가 부족할 때 자동으로 충전 스테이션으로 돌아가 충전하는 기능이 있었다. 이는 사용자가 청소 후에 신경 쓸 필요 없이 기기를 유지할 수 있도록 도와주었다. 또한 룸바는 소형 원형 디자인으로 제작되어 가구 밑이나 좁은 공간도 청소할 수 있었다. 이 디자인은 이후의 로봇 청소기에도 영향을 미쳤다.

룸바는 가정용 로봇 시장의 문을 열었으며 로봇 청소기가 일반 가정에서도 쉽게 접근할 수 있는 가전 제품으로 자리잡는 데 기여했다. 룸바의 성공 이후 다양한 회사들이 로봇 청소기 시장에 뛰어들었으며, 이후 많은 기술적 발전과 기능 향상이 이루어졌다. 아이로봇은 룸바의 성공을 바탕으로 계속해서 새로운 모델을 출시하고 있으며, 이는 가정에서 사용하는 로봇 기술의 상징적인 제품으로 자리매김하게 되었다.

2010년대에 들어서면서 로봇 청소기의 기술이 다시 한 번 크게 발전했다. 국내에서도 LG, 삼성 등 다양한 가전 제품 회사들이 로봇 청소기 시장에 진입하면서 경쟁이 치열해졌다.

이 시기에는 카메라 기반의 네비게이션, 더 정교한 센서, 스마트폰 연동 기능 등이 도입되었으며, 고급 모델은 특정 패턴을 인식하고 학습하는 기능을 갖추게 되었다. 최근 몇 년 동안 로봇 청소기는 스마트 홈 시스템과 통합되어 더 스마트해졌다. 이제 음성 명령을 통해 로봇 청소기를 제어할 수 있고 청소 루틴을 사용자 맞춤형으로 설정할 수 있는 기능이 보편화되었다. 또한 인공지능을 활용한 더욱 정교한 경로 계획과 장애물 회피 기능이 추가되었다.

로봇 청소기의 미래는 더욱 자율적이고 지능적인 기능이 추가될 것으로 예상된다. 인공지능과 머신 러닝 기술의 발전으로 로봇 청소기는 더 복잡한 환경에서도 효율적으로 청소를 수행할 수 있으며, 다른 가전 기기와 연동하여 집안일을 통합 관리하는 방향으로 발전할 것이다.

Tip !

① 빗자루질할 때 먼지를 밀면 공중에 뜨므로 부드럽게 쓸어 모읍니다.

② 마루나 장판의 결 방향에 맞춰 쓸면 먼지가 틈에 덜 끼고 잘 모입니다.

③ 남은 세제와 먼지가 바닥에 얼룩을 남길 수 있으므로 걸레는 2회 이상 헹군 뒤 사용합니다.

④ 걸레를 W자로 움직이면 일정한 압력과 효율적 동선을 확보할 수 있습니다.

⑤ 물걸레질 후 남은 수분이 곰팡이 번식의 원인이 되므로 5분간 환기하여 통풍을 시킵니다.

⑥ 진공청소기의 흡입력이 약해지는 주원인은 필터의 먼지이므로 필터를 주기적으로 세척합니다.

⑦ 자외선이 필터의 고무 실링을 손상시킬 수 있으므로 햇빛보다 그늘에서 건조합니다.

⑧ 바닥에 케이블이나 물건이 많으면 로봇 청소기가 인식 오류를 일으키므로 청소 전에 바닥을 정리합니다.

⑨ 건조하면 정전기가 심해져 먼지가 더 달라붙으므로 가습기로 습도 40~50%를 유지합니다.

⑩ 청소 후 떠오른 미세 먼지를 완전히 제거하기 위해 공기 청정기를 10분간 작동시킵니다.

침실과 옷방

먼지의 여행

침실과 옷방을 유체역학 관점에서 바라보면 이 공간을 가장 잘 설명하는 단서는 사람의 동선도, 가구 배치도 아닌 먼지의 움직임이다. 먼지는 실내 공기 흐름, 온도 차, 가구로 인해 생기는 정체 영역에 가장 민감하게 반응하며 이동하는 입자다. 그래서 먼지가 어디서 생겨나고, 어떤 길을 따라 이동하며, 왜 특정 지점에 쌓이는지를 살피면 침실과 옷방이라는 공간이 가진 공기역학적 구조가 가장 먼저 드러난다. 이 장이 먼지에 관한 이야기를 먼저 풀어내는 이유가 여기 있다.

침실과 옷방은 하루 중 가장 많은 시간을 보내는 장소이면서도 먼지가 유독 많이 쌓이는 공간이다. 이는 청소 빈도의 문제가 아니라 이 두 공간이 가진 물리적 구조와 공기 흐름의 특성 때문이다. 침대, 서랍장, 옷장처럼 큰 가구가 밀집해 있으면 공기의 흐름이 쉽게 느려지는데, 이렇게 순환이 제한된 구역에서는 공기 중에 떠다니던 미세 입자들이 서서히 가라앉아 표면에 쌓인다. 특히 침대 아래, 옷장 뒤, 벽과 가구 사이의 틈처럼 공기 정체가 심한 영역은 먼지가 집중적으로 쌓이는 대표적인 공간이다.

침실과 옷방에는 커튼, 침구, 의류처럼 섬유 재질의 물품이 많아 마찰로 인한 정전기가 쉽게 축적된다. 정전기는 공기 중을 떠다니던 미세 입자를 끌어당겨 표면에 붙게 하므로 공기 흐름이 느린 공간에서는 먼지의 침전을 더욱 가속한다. 여기에 사람의 활동으로 피부에서 떨어지는 각질, 머리카락, 의류 섬유 조각 같은 입자가 지속적으로 공급되면서 먼지의 총량은 꾸준히 늘어난다. 정전기와 생활 활동이 만들어내는 입자 공급이 공기 정체로 인해 먼지가 특히 빨리 쌓이는 조건을 형성하는 것이다.

또한 이 두 공간은 거실이나 부엌에 비해 환기 빈도가 낮은 편이다. 창문을 늘 열어두지도 않고 출입도 적다 보니 실내 공기가 외부 공기와 교환되는 속도가 느릴 수밖에 없다. 이렇게 공기가 오래 머무르는 공간일수록 부유 먼지가 더 오래 떠다니고 결국 바닥에 쌓이는 침전량도 늘어난다. 요약하면 침실과 옷방은 구조적 정체 구역, 섬유가 많은 환경, 낮은 환기율이라는 조건이 겹쳐 먼지가 쌓이기 쉬운 전형적인 실내 공간을 이룬다.

침실과 옷방에 쌓이는 먼지는 정지해 있는 것처럼 보이지만 실제로는 실내 공기의 미세한 흐름을 따라 계속 이동하고 순환한다. 냉난방으로 생긴 온도 차이에 의한 대류, 창문을 여

닿을 때 발생하는 순간적인 기류, 사람이 움직일 때 생기는 난류가 모두 작은 먼지를 실어 나른다. 따뜻한 공기는 위로, 차가운 공기는 아래로 흐르며 층을 이루고, 공기 속도가 느려지는 지점에서는 먼지가 가라앉고 빨라지는 지점에서는 다시 떠오른다. 침실과 옷방에서 관찰되는 먼지 축적은 이런 미세한 공기역학적 과정을 압축적으로 보여주는 사례다.

하지만 먼지의 움직임은 실내라는 작은 세계에만 갇혀 있지 않다. 미세 입자들은 문틈, 창문, 환기구를 통해 실내와 실외를 자연스럽게 넘나들며 더 큰 공기 흐름의 일부가 된다. 도시의 바람, 도로에서 발생한 비산 먼지, 차량 배기가스에서 나온 미립자들은 실내 먼지와 합쳐지거나 서로 영향을 주고받는다. 이렇게 먼지는 공간 규모가 커질수록 더욱 복잡한 공기역학의 지배를 받으며, 집이라는 가장 작은 실내 환경에서부터 도시의 대기 그리고 지구 규모의 대순환에 이르기까지 연속적인 흐름 속에 존재한다.

건물과 건물 사이에서는 바람이 좁은 통로를 지날 때 속도가 빨라져 난류와 와류가 반복적으로 발생한다. 이런 난류 구조는 먼지를 예기치 않은 방향으로 밀어내거나 특정 지역에 오래 정체시키며, 도시 내 먼지 분포와 체류 패턴을 좌우하는 주요 요인이 된다. 미세 먼지처럼 매우 작은 입자는 중력의 영향을 거의 받지 않아 대기 중에서 장시간 머문다.

이보다 더 큰 스케일에서는 먼지가 대륙을 넘나드는 장거리 이동의 주체가 되기도 한다. 대표적인 사례가 사하라 사막의 미세 입자가 제트 기류를 타고 대서양을 건너 남미 아마존까지 이동하는 현상이다. 강한 상승 기류가 사막의 미세한 입자를 대기 상층으로 끌어올리면 이 입자들은 고속으로 흐르는 제트 기류를 따라 수천 킬로미터를 이동한다. 아마존 열대우림 토양이 사하라 사막의 먼지에 포함된 미네랄을 중요한 영양원으로 활용한다는 사실은 먼지가 단순한 오염원이 아니라 지구 생태계를 연결하는 순환 요소임을 보여준다. 먼지는 이렇게 지역적, 지구적 공기 흐름에 실려 이동하며, 실내에서 관찰한 미세한 대류 원리가 거대한 대기 순환에서도 동일하게 작동한다는 점을 보여준다.

끝없이 이동하던 먼지는 결국 자연적 과정에 의해 서서히 지상으로 회수된다. 공기 속을 부유하던 입자들은 중력의 영향을 받아 천천히 가라앉거나 비와 눈 같은 강수에 의해 씻겨 내려가 토양과 하천으로 이동한다. 호수나 바다 바닥에 퇴적된 먼지는 오랜 시간 압축과 화학적 변화를 겪어 새로운 지층을 이루기도 하며, 일부는 미생물이나 식물에 의해 분해, 흡수되어 생태계의 물질 순환에 다시 편입된다. 먼지는 완전히 사라지는 것이 아니라 형태와 위치를 바꾸어 순환 고리의 다음 단계로 넘어가는 셈이다.

먼지의 생성과 이동, 변환의 과정을 이해하는 일은 실내 공기질 관리뿐 아니라 기후 변화, 생태계 유지, 대기 순환 연구에서도 중요한 단서를 제공한다. 작은 입자의 움직임을 따라가다 보면 우리가 사는 공간과 지구 환경을 지배하는 더 큰 흐름이 자연스럽게 모습을 드러낸다.

먼지가 사라진 공간, 청정실

침실이나 옷방을 청소하다 보면 아무리 치워도 금세 다시 쌓이는 먼지에 한숨이 나올 때가 있다. 그럴 때면 '먼지가 아예 없는 방에서 살 수는 없을까?'라는 생각이 스치곤 한다. 흥미롭게도 실제로 그런 공간이 존재한다. 미세한 입자를 거의 허용하지 않도록 온도, 습도, 압력, 공기 흐름까지 정교하게 제어하는 곳, 바로 청정실 clean room 이다.

일상의 공간에서는 먼지가 자연스럽게 생성되고 순환하지만 어떤 장소에서는 이러한 먼지가 단순한 불편을 넘어 직접적인 위험이 된다. 음식물을 다루는 식당, 감염에 취약한 환자가 있는 병원, 그리고 먼지 한 톨이 치명적인 결함을 만드는 반도체 공장이 그렇다. 이런 환경에서는 청결을 '깨끗해 보인다'는 감각이 아니라 공기 중에 얼마나 많은 입자가 존재하는지를 수치로 관리해야 한다. 이처럼 입자를 정량적으로 통제해 높은 청정도를 유지하도록 설계된 공간을 청정실이라 부른다.

청정 기준은 CLASS 등급으로 구분하는데, 미연방기준 US FED-STD-209E 이 대표적이다. 이 기준에 따르면 가로, 세로, 높이가 약 30cm인 1입방피트 공간에 지름 0.5μm 이상의 입자 particle 개수가 몇 개인가로 등급을 결정한다. 여기서 입자는 일반적인 먼지뿐만 아니라 세균, 바이러스, 몸에서 떨어져 나온 피부 세포 등 공기 중에 떠다니는 모든 것을 의미한다. 예를 들어 CLASS 1,000은 1입방피트 공간에 0.5μm보다 큰 입자가 1,000개 이하로 존재하는 수준이다. 우리가 일상적으로 생활하는 공간에는 수십 만개의 먼지가 떠다니고 있으므로 CLASS 1,000은 상당히 깨끗한 편이다. 청정도 등급은 CLASS 1, CLASS 10, CLASS 100, CLASS 1,000, CLASS 10,000, CLASS 100,000으로 나뉘며, 숫자가 작을수록 청정하다. 일반 수술실이나 식육 가공실의 등급은 CLASS 100~100,000, 무균 수술실은 CLASS 10~100이며, 반도체 공장은 CLASS 1 수준으로 궁극의 청정 공간이라 할 수 있다.

그렇다면 청정실은 어떻게 만들까? 아무리 청정실이라도 작업자의 출입이 불가피하므로 외부로부터 완전히 차단된 환경을 조성할 수는 없다. 대신 청정실 내부 압력을 항상 외부보다 높게 유지해 공기가 안에서 밖으로만 흐르도록 하여 바깥의 먼지가 들어오지 못하게 막는다. 바람은 항상 고압에서 저압으로 부는데, 먼지가 이 바람을 타고 이동하므로 내부 압력을 높이는 것이다. 참고로 이는 음압 병실 negative pressure isolation room 의 원리와 반대다. 음압 병실은 내부의 병원체가 외부로 퍼지는 것을 차단하는 특수 격리 공간으로, 내부 압력을 주변보다 낮추어 공기가 항상 병실 안에서만 흐르도록 한다. 감염병 확산을 방지하기 위해 바이러스나 병균으로 오염된 공기가 외부로 배출되지 않도록 설계한 것이다.

이처럼 오늘날 산업계와 의료계에서 널리 사용되는 청정실의 역사는 19세기 병원에서 시작되었다. 프랑스의 생화학자 루이 파스퇴르 Louis Pasteur가 질병과 세균의 상관 관계를 밝혀낸 이후 수술 환자의 감염을 막기 위해 원시적인 형태의 청정실이 처음 활용되었다. 20세기 중반에 들어서면서 청정 환경의 필요성이 더욱 커지며, 그 요구는 의료 분야를 넘어 산업 전반으로 확산되었다. 고도의 여과 기술을 갖춘 현대적 의미의 청정실은 미국의 물리학자이자 발명가 윌리스 윗필드 Willis Whitfield가 고안하였다. 타임지로부터 'Mr. Clean'이라는 별명을 얻은 윗필드는 맨해튼 프로젝트에서 원자 폭탄에 들어갈 전자 회로, 기폭 장치 등 비핵물질을 만들기 위해 설립된 샌디아국립연구소 Sandia National Laboratories에 근무하며, 불순물을 밖으로 빼내기 위해 여과된 공기가 일정하게 흐르는 청정실을 설계하였다.

청정실은 공기 흐름에 따라 층류 laminar 시스템과 난류 turbulent 시스템, 두 가지 유형으로 나뉜다. 층류 또는 단방향 공기 흐름 시스템은 천장에서 아래쪽으로 여과한 공기를 내보내고 벽 아래에 있는 필터를 통과하는 흐름이 형성되도록 한다. 이 시스템은 일정한 공기 처리를 유지하기 위해 일반적으

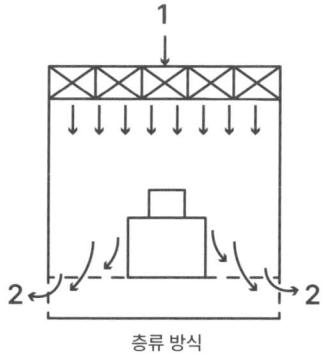 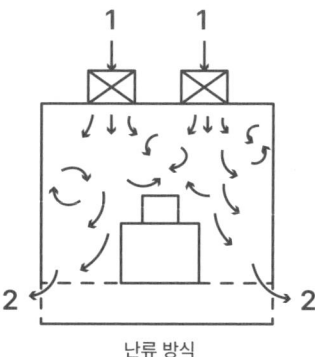

층류 청정실과 난류 청정실의 공기 흐름도

로 청정실 천장의 80%를 사용한다. 또한 설비비가 상대적으로 높지만 CLASS 10~100 수준의 높은 청정도를 유지할 수 있다는 장점이 있다.

반면 난류 또는 다방향 공기 흐름 시스템은 청정실의 공기를 모두 같은 방향은 아니지만 일정하게 움직이도록 한다. 활발한 공기 흐름은 입자를 포획하여 바닥으로 몰아넣은 후 필터를 통과하여 청정실 밖으로 내보낸다. 이 시스템은 상대적으로 시공이 간단하며, CLASS 1,000~100,000 수준의 청정실을 만드는 데에 적합하다.

오늘날 수많은 전자기기에 들어가는 반도체 소자를 생산하기 위해 청정실은 필수적이며, 만일 청정실이 존재하지 않는다면 실리콘 밸리의 신화도 없었을 것이다. '청정실의 아버지'라 불리는 윗필드 덕분에 인류는 안전한 음식물을 먹고 위생적인 환경에서 치료받으며, 반도체가 들어간 전자기기를 마음껏 사용할 수 있다.

청정실은 반도체 산업을 넘어 바이오, 제약, 항공우주, 정밀 기계 제조 등 다양한 분야에서 핵심적인 역할을 한다. 제약 공정에서는 백신과 바이오 의약품 생산 과정에서 오염을 막는 데 필수적이며, 첨단 광학 기기나 우주선 부품을 만들 때도 미세한 입자까지 철저히 통제해야 한다. 나아가 청정 기술은 데이터 센터, 양자 컴퓨팅, 인공지능 개발 등 첨단 산업에서도 없어서는 안 될 기반으로 자리매김하고 있다.

미래에는 청정 기술이 더욱 발전하여 나노미터 단위의 초정밀 청정 환경을 조성하고 자율 운영이 가능한 스마트 청정실로 진화할 것으로 전망된다. 인공지능과 사물 인터넷 기반의 공기질 실시간 모니터링, 자동화된 정화 시스템, 고효율, 저전력의 청정 기술이 도입될 것이며, 우주 개발이 본격화되면 청정실의 개념은 지구를 넘어 우주 환경에서도 활용될 가능성이 커진다. 이렇게 청정실 기술은 과학, 산업 전반의 기반을 이루는 핵심 인프라로 자리 잡아갈 것이다.

그렇다고 우리가 살아가는 가정의 공간이 이러한 극도의 청정한 환경을 갖출 필요는 없다. 그러나 청정실을 구현한 원리는 일상의 공간을 더 쾌적하게 만드는 데 중요한 실마리를 준다. 공기의 흐름을 가로막는 구조를 줄이고 정체 구역을 최소화하며, 적절한 환기와 여과를 유지하는 것만으로도 침실과 옷방의 먼지 축적은 크게 줄어든다.

[먼지를 만드는 사람들]

우리는 늘 먼지를 피하려 애쓴다. 청소기를 돌리고 마스크를 쓰고 공기 청정기를 켜며 악착같이 먼지를 몰아낸다. 그런데 세상 어딘가에는 정반대로 먼지를 일부러 만들어내는 사람들이 있다. 대체 왜 먼지를 만들까? 우리가 매일 손에 쥐는 휴대폰과 운전하는 자동차가 어떤 환경에서도 정상 작동하는지 시험하기 위해서다.

상용화하는 전기 전자 제품 및 기계 부품은 내구성을 확보하기 위해 사전에 극한 환경에서 다양한 신뢰성 실험 reliability test 을 수행한다. 신뢰성 실험에는 소음, 강풍, 충격, 진동과 같은 기계적 시험과 온도, 습도, 고도 등 기후 시험이 있다. 예를 들어 휴대폰을 고온 고습 환경에 노출하여 정상 작동하는지, 자동차가 사막의 모래 바람 속에서도 정상 운행하는지를 확인하는 것이다.

고대 중국의 병법서 손자병법의 모공편에 지피지기자 백전불태(知彼知己者 百戰不殆), 즉 적을 알고 나를 알면 백 번 싸워도 위태롭지 않다라는 격언이 있다. 먼지와의 전쟁에서도 마찬가지로 그 폐해에 대처하기 위해서는 먼지에 대해 깊이 알아야 하므로 다양한 실험을 진행하는 것이다.

실험용 먼지로는 제각기 다른 크기와 형태, 재질을 가진 아무 먼지나 사용할 수 없으므로 세상에서 가장 고운 모래로 알려진 애리조나 사막 모래를 가공하여 제품화한다. 애리조나 사막 모래는 1940년부터 자동차 및 중장비를 비롯한 각종 제품의 기계 요소를 시험하는 데 사용되었다. 모래를 오븐에서 건조한 후 0.0029 인치의 미세한 폭을 가진 그물망 구조의 거름망 mesh screen 을 이용해 1차로 작은 먼지만 걸러내고 2차로 0.0021인치의 폭을 가진 거름망으로 걸러낸다. 이렇게 정제된 시험용 먼지의 가격은 10kg 기준으로 수십 만원에서 수백 만원을 호가하며, A1~A4 등급에 따라 체적 밀도와 입자 크기의 분포를 규정하고 있어 실험 용도에 맞게 사용할 수 있다.

미국 국방성이 제정한 기술 규격인 MIL-STD Military Standard 에 따르면, 입자의 직경이 150μm보다 작으면 먼지 dust, 150μm 에서 850μm 사이는 모래 sand 로 규정한다. 먼지 시험은 개구부나 균열, 틈새, 베어링, 조인트 등에 침투할 수 있는 미세 입자의 영향을 평가하여 재료의 저항력과 필터의 효율성을 검증하는 데 목적이 있다. 반면 모래 시험은 크고 날카로운 입자가 마모나 막힘을 유발할 때도 성능, 신뢰성, 유지보수성이 저하되지 않는지를 확인하고 모래바람이 부는 조건에서 장비가 정상적으로 보관 및 작동할 수 있는지를 평가한다. MIL-STD는 군사용 장비의 기술 사양을 규정한 표준으로, 군사적 특성상 일반 규격보다 내구성과 정밀도에 관한 요구가 훨씬 엄격하다.

스팀 청소의 원리와 과학적 메커니즘

 침실은 하루의 피로를 풀고 휴식을 취하는 공간이지만 동시에 먼지와 진드기, 박테리아, 곰팡이가 쉽게 쌓이는 곳이기도 하다. 특히 침구류와 매트리스는 수면 중 피부와 직접 맞닿는 만큼 위생 관리가 가장 중요한 요소 중 하나다. 시간이 지남에 따라 먼지와 땀이 스며들면서 진드기와 박테리아가 번식하기 쉬운 환경이 조성되는데, 이는 알레르기 반응과 호흡기 질환의 원인이 될 수 있다.

 스팀 청소는 미생물들을 고온의 증기로 사멸시키고 깊숙한 섬유층까지 청소할 수 있어 보다 깨끗한 수면 환경을 조성하는 데 도움을 준다. 일반적인 물세탁으로는 제거하기 어려운 미세 먼지와 세균까지 제거할 수 있으며, 이를 정기적으로 실행하면 알레르기 예방에도 효과적이다.

 스팀 청소는 고온의 수증기를 이용하여 표면에 붙어 있는 오염물과 세균을 제거하는 방식으로 물리적 압력과 열역학적 변화를 활용하는 것이 특징이다. 일반적인 청소 방식이 세제와 물을 사용하여 표면의 오염을 씻어내는 방식이라면, 스팀 청소는 물을 100°C 이상으로 가열하여 발생한 수증기를 이용해 오염물을 분해하고 제거한다. 이 과정에서 증기는 높은 잠열을 포함하며, 표면과 접촉할 때 순간적으로 열에너지를 전달하여 오염물의 분자 구조를 약화시키는 역할을 한다.

고온의 증기는 오염 물질의 화학적 결합을 느슨하게 만들어 쉽게 제거할 수 있도록 돕는다. 특히 기름때와 같은 유기 오염물은 강한 점성을 가지지만 열을 가하면 점성이 약해지면서 흐름성이 증가한다. 이러한 원리는 유체역학에서 말하는 뉴턴 유체와 비뉴턴 유체의 특성과 관련이 있다. 기름은 대표적인 비뉴턴 유체로 온도가 증가하면 점도가 낮아져 액체처럼 퍼지기 쉬운 상태가 된다. 스팀 청소기는 이러한 특성을 이용하여 표면의 찌든 때와 기름때를 효과적으로 분해한다.

스팀 청소에서 중요한 또 다른 요소는 증기의 압력이다. 스팀 청소기는 고압의 증기를 이용해 순간적으로 강한 힘을 가함으로써 오염물을 효과적으로 제거한다. 압력이 높아지면 물 분자의 운동 에너지가 증가하며, 표면에 붙어 있는 오염물을 빠르게 분리할 수 있는 힘이 작용한다. 또한 스팀 청소에서 생성된 미세한 수증기 입자는 공기 중의 일반적인 물방울보다 훨씬 작은 크기를 가지므로 표면의 미세한 틈까지 침투하여 더 깊숙한 곳에 자리 잡고 있는 오염물까지 제거하는 효과를 낸다. 이는 마치 모세관 현상처럼 작은 수증기 입자가 좁은 틈으로 스며들어 강력한 세정력을 발휘하는 것이다.

이 원리는 다림질에도 그대로 적용된다. 스팀 다리미의 열과 수증기는 섬유 내부의 고분자 결합을 일시적으로 느슨하게 만들어 구김을 펴는 데 도움을 준다. 섬유는 미세한 고분자 사슬 구조로 이루어져 있는데, 열과 수분이 가해지면 이 사슬 사이의 결합이 약해져 섬유가 부드러워진다. 그 상태에서 압력을 가하면 분자 배열이 새롭게 정렬되어 평평한 상태로 유지된다. 즉, 다림질은 열, 수분, 압력의 삼박자가 섬유 분자의 구조를 재배열하는 과학적 과정이다. 이러한 원리를 응용한 스팀 다리미는 물리적 마찰 없이도 섬세한 직물을 손상시키지 않고 다릴 수 있어 현대 가전 기술이 생활 속 과학으로 구현된 대표적인 예라 할 수 있다.

스팀 청소가 주목 받는 또 다른 이유는 강력한 살균 효과 때문이다. 많은 세균과 바이러스는 단백질로 이루어진 세포막을 가지고 있으며, 특정한 온도 이상에서 단백질이 변성되면서 세포막이 손상되어 기능을 잃는다. 일반적인 세균은 60~80°C 정도의 열에서 사멸하며, 일부 바이러스는 70°C 이상의 온도에서 비활성화된다. 곰팡이나 집먼지 진드기 역시 100°C 이상의 온도에서는 생존할 수 없기 때문에, 스팀 청소를 통해 화학 세제 없이도 살균과 소독을 동시에 할 수 있다. 이러한 이유로 병원, 식품 가공 시설, 호텔과 같은 위생이 중요한 환경에서도 스팀 청소 방식이 많이 활용된다.

스팀 청소의 가장 큰 장점은 화학 세제를 사용하지 않고도 높은 세정력을 발휘할 수 있다는 점이다. 기존의 청소 방식은 화학 물질을 이용하여 오염을 분해하는데, 이러한 화학 물질이 공기 중에 휘발성 유기 화합물 **VOC, Volatile Organic Compounds**로 퍼져나가거나 피부에 직접 닿으면서 환경 오염과 건강 문제를 유발할 수 있다. 반면 스팀 청소는 물만을 사용하여 오염을 제거하므로, 화학적 잔여물이 남지 않아 환경과 인체에 더 안전한 청소 방법이다. 또한 증기의 높은 온도와 압력을 활용하기 때문에 물 사용량이 상대적으로 적으며, 적은 양의 물로도 강력한 청소 효과를 얻을 수 있다는 점에서 효율성이 높다.

하지만 스팀 청소에도 한계가 있다. 먼저 고온의 증기를 사용하기 때문에 열에 약한 표면에서는 손상을 초래할 가능성이 있다. 예를 들어 나무 바닥이나 플라스틱과 같은 재료는 열팽창 계수가 높아 높은 온도에서 변형될 위험이 있으며, 일부 섬유 소재의 경우 증기에 의해 구조가 약화될 수도 있다. 또한 스팀 청소기는 높은 전력을 필요로 하므로 장시간 사용할 경우 에너지 소비량이 많아질 수 있다. 무엇보다도 고온의 증기를 다루는 과정에서 화상의 위험이 존재하므로 사용자는 적절한 보호 장비를 갖추고 주의하여 사용해야 한다.

스팀 청소는 열역학, 유체역학, 미생물학 등의 원리를 활용하여 더욱 효과적이고 친환경적인 청소 방식을 제공하는 기술이다. 증기의 온도와 압력이라는 과학적 요소를 통해 찌든 때와 세균을 효과적으로 제거할 수 있으며, 물만으로도 높은 세정력을 발휘하는 점에서 환경 보호와 위생 관리 측면에서 중요한 역할을 한다. 이러한 장점 덕분에 스팀 청소는 가정뿐만 아니라 산업 및 의료 분야에서도 점점 더 널리 활용되고 있다.

습기를 다스리는 과학

옷방은 외부와의 환기가 제한되어 있어 습기가 차고 곰팡이가 생기기 쉬운 공간이다. 옷감에서 발생하는 수분, 체온에 의한 온도 차, 빨래 후 남은 수증기 등이 공기 중에 머물면 습도가 높아지고 이는 옷의 변색이나 냄새, 곰팡이 번식의 원인이 된다. 특히 계절이 바뀌는 시기에는 온도 변화로 인해 결로가 생기기도 한다. 따라서 옷방을 청결하게 유지하기 위해서는 먼지 제거보다 습기를 관리하는 것이 중요하다.

곰팡이는 습하고 따뜻한 환경에서 빠르게 번식하며 실내 공기 질을 저하시킬 뿐만 아니라 건강에도 악영향을 미칠 수 있다. 특히 호흡기 질환이나 알레르기를 유발할 수 있어 가정에서 곰팡이를 효과적으로 제거하고 예방하는 것이 중요하다. 이를 위해 사용되는 대표적인 제품이 곰팡이 제거제인 '팡이 제로'와 습기를 조절하는 '물먹는 하마'다. 두 제품은 각각 곰팡이를 직접 제거하거나 곰팡이가 번식하기 어려운 환경을 조성하는 역할을 하며, 이를 위해 서로 다른 과학적 원리를 활용한다.

곰팡이 제거제 '팡이 제로'는 곰팡이를 물리적으로 닦아내는 것이 아니라 강한 화학적 작용을 이용해 곰팡이 세포를 직접 파괴하고 번식을 억제하는 방식으로 작동한다. 이 제품의 핵심 성분 중 하나는 차아염소산나트륨으로, 이는 강력한 산화제로 작용하여 곰팡이의 세포벽을 파괴하고 내부 단백질을 변성시켜 생존력을 상실하게 만든다. 차아염소산나트륨이 물과 반응하면 차아염소산이 생성되는데, 이는 세균과 곰팡이의 세포 구조를 변형시키는 강한 살균 작용을 한다. 이러한 원리는 표백제의 곰팡이 제거 원리와 유사하다.

또한 '팡이 제로'에는 수산화나트륨과 같은 알칼리성 성분이 포함되어 있어 곰팡이가 생기기 어려운 환경을 조성한다. 곰팡이는 일반적으로 약산성 환경에서 잘 번식하는데, 알칼리성 물질이 포함된 제품을 사용하면 곰팡이의 세포막이 손상되며 생존이 어려워진다. 이와 함께 곰팡이 제거제가 표면에만 작용하는 것이 아니라 벽지나 실리콘 틈 속 깊이 침투하도록 하기 위해 계면활성제가 첨가되기도 한다. 계면활성제는 액체의 표면장력을 낮춰 유효 성분이 더 깊이 스며들도록 돕기 때문에 곰팡이 뿌리까지 효과적으로 제거할 수 있다.

하지만 곰팡이를 완전히 제거하는 것만으로는 충분하지 않다. 곰팡이가 다시 생기는 것을 방지하려면 근본적인 원인인 습기를 조절하는 것이 필수적이다. 곰팡이는 상대 습도가 70% 이상일 때 빠르게 번식하므로 실내 습도를 낮춰주는 것이 곰팡이 예방의 핵심이다. 이때, '물먹는 하마'와 같은 제습제를 사용하면 공기 중의 습기를 효과적으로 흡수하여 곰팡이가 번식하기 어려운 환경을 조성할 수 있다.

'물먹는 하마'의 주요 성분은 염화칼슘으로 이는 강한 흡습성 deliquescence 을 가지고 있어 공기 중의 수분을 빠르게 흡수하는 특징이 있다. 염화칼슘은 공기 중의 수분을 끌어당겨 수화합물을 형성하며, 일정량 이상의 수분을 흡수하면 액체 상태로 변한다. 이 과정에서 삼투압 효과가 발생하여 지속적으로 주변 공기에서 더 많은 수분을 끌어당기게 된다. 따라서 '물먹는 하마'를 사용하면 장기간 동안 실내 습도를 낮추는 효과를 얻을 수 있다.

이에 더해 일부 제습제에는 실리카겔이 포함되기도 한다. 실리카겔은 다공성 구조를 가지고 있어 공기 중의 수분을 빠르게 흡수한 뒤, 필요할 경우 다시 방출할 수도 있는 성질이 있다. 이와 같은 제습 성분들은 실내 공기를 건조하게 유지하는 데 도움을 주며, 결과적으로 곰팡이가 생길 가능성을 현저히 낮춘다.

곰팡이는 지속적으로 관리하지 않으면 다시 번식하는 생명체다. 따라서 단기적인 제거뿐만 아니라 장기적인 예방 전략이 필요하다. 제품 각각의 특성을 잘 이해하고 활용하면 보다 위생적이고 건강한 실내 환경을 유지할 수 있을 것이다.

털을 붙잡는 정전기

반려동물을 키우는 사람이라면 한 번쯤은 옷이나 소파에 달라붙은 털을 보고 한숨을 쉬어본 경험이 있을 것이다. 먼지는 비교적 쉽게 청소할 수 있지만 동물의 털은 표면에 강하게 붙어 잘 떨어지지 않는 경우가 많다. 왜 털은 먼지보다 청소하기 어려울까? 이는 물리적 특성과 정전기의 원리로 설명할 수 있다.

먼지는 매우 미세한 입자로 이루어져 있어 공기 중에 쉽게 떠다니며, 약한 흡입력으로도 제거할 수 있다. 먼지는 가벼운 특성 덕분에 공기 흐름을 타고 필터나 먼지통으로 쉽게 이동한다. 반면 털은 상대적으로 길고 가느다란 섬유상 구조를 가지고 있어 공기 흐름에 따라 자유롭게 움직이기보다는 표면에 달라붙거나 엉키는 경향이 있다.

털이 쉽게 달라붙는 가장 큰 이유 중 하나는 정전기 때문이다. 마찰이 일어나면 털과 표면 사이에서 전자가 이동해 서로 다른 전하를 띠고 이 정전기적 인력으로 인해 털이 표면에 달라붙는다. 특히 겨울철처럼 공기가 건조하면 공기 중 수분이 적어 전하가 쉽게 방전되지 않아 정전기가 더 잘 축적된다. 합성섬유(폴리에스터, 나일론)는 전기가 통하지 않는 절연체이기 때문에 전하가 쉽게 쌓이고 그 결과 털이 더 강하게 달라붙는 경향이 있다.

또한 섬유의 표면 구조도 털이 쉽게 붙는 원인 중 하나다. 울이나 니트처럼 표면이 거친 직물은 털이 미세한 섬유 사이에 끼어 빠지기 어려운 반면, 매끄러운 면 소재나 가죽 같은 표면은 상대적으로 털이 덜 붙는다. 사람의 피부에서 나오는 기름기나 땀도 털이 옷에 달라붙는 것을 돕는 요소로 작용할 수 있다.

그렇다면 반려동물의 털을 효과적으로 제거하려면 어떻게 해야 할까? 먼저 정전기를 줄이는 것이 중요하다. 가습기를 사용해 실내 습도를 적절히 유지하면 정전기 발생을 줄일 수 있으며, 섬유 유연제나 정전기 방지 스프레이를 활용하면 옷이나 소파에 털이 덜 붙도록 할 수 있다. 또한 미세한 브러시나 전용 청소 도구를 사용하면 털이 표면에서 더 쉽게 분리되며 청소기의 흡입력을 강하게 설정하면 엉킨 털까지 효과적으로 제거할 수 있다.

이처럼 반려동물의 털은 일반 먼지보다 훨씬 더 복잡한 물리적 특성과 정전기 작용으로 인해 제거가 어려운 경우가 많다. 이를 효과적으로 관리하려면 털이 달라붙는 원인을 이해하고 그에 맞는 도구를 활용하는 것이 중요하다. 특히 많은 사람들이 실생활에서 애용하는 도구인 돌돌이(테이프 클리너)와 보풀제거기는 이러한 문제를 해결하는 데 매우 유용하다. 그렇다면 이 두 도구는 각각 어떤 과학적 원리를 바탕으로 작동하며, 어떻게 털이나 보풀을 제거할 수 있을까?

우리가 평소 입는 옷에는 시간이 지나며 먼지, 머리카락, 보풀 같은 이물질이 생기기 마련이다. 이러한 것들을 손쉽게 제거하기 위해 많은 사람들이 돌돌이와 보풀제거기를 사용한다. 두 제품 모두 옷을 깔끔하게 관리해주는 데 도움을 주지만 작동하는 방식은 과학적으로 서로 다르다.

먼저 돌돌이는 점착 테이프가 감겨 있는 롤 형태로 이를 옷 위에 굴리면 테이프의 끈적한 성질에 의해 먼지나 머리카락, 가벼운 보풀 등이 달라붙는다. 이 점착력은 분자 간 인력인 반데르발스 힘이나 정전기적 인력에 기반한다. 옷에 붙은 이물질이 돌돌이 테이프에 접촉하면, 테이프의 높은 표면 에너지가 이물질을 흡착하는 원리다. 사용 후에는 더러워진 부분을 뜯어내고 새로운 면을 사용하면 되기 때문에 간편하다.

반면 보풀제거기는 작동 시 내부 모터가 회전하면서 칼날이 빠르게 돌아가는데, 옷 표면에서 튀어나온 보풀만을 선택적으로 잘라낸다. 이때 보호망이 외부에 있어 옷감 자체는 손상되지 않도록 설계되어 있으며, 잘려나간 보풀은 내부 흡입 장치에 의해 자동으로 수거통에 모이게 된다. 일종의 전기 면도기와 같은 원리로 작동하며, 오래된 니트나 후드티 등에 생긴 뭉친 섬유를 깨끗하게 정리할 수 있다.

이처럼 돌돌이는 접착력, 보풀제거기는 회전 운동과 흡입력이라는 각기 다른 물리적 원리를 바탕으로 작동하지만 공통적으로 옷을 깔끔하게 유지하는 데 큰 도움을 준다. 일상 속에서 자주 사용하는 간단한 도구일지라도 그 안에는 과학의 원리가 정교하게 숨어 있다.

반려동물의 털이 쉽게 달라붙는 것은 물리적 특성과 정전기 원리에서 비롯된 자연스러운 현상이다. 하지만 이를 이해하고 적절한 방법을 활용하면 반려동물과 함께 보다 쾌적한 환경을 유지할 수 있을 것이다.

먼지는 유해하기만 할까?

 먼지는 사전적으로 '가늘고 보드라운 티끌'을 뜻한다. 조금 더 구체적으로 말하면 흙, 꽃가루, 매연, 섬유, 음식물 부스러기, 각질 등이 따로 또는 뒤섞여 만들어낸 다양한 알갱이들이다. 일상 속 어디에나 쌓이는 탓에 '털어서 먼지 안 나는 사람 없다'는 속담까지 생겼는데, 이는 누구나 작은 허물쯤은 지니고 있음을 빗댄 말이다. 참고로 서양에도 비슷한 표현으로 'Everyone has a skeleton in the closet.'이 있는데, 우리 속담보다 다소 섬뜩한 뉘앙스를 풍긴다.

 이렇게 끊임없이 쓸고 닦아도 사라지지 않는 먼지는 대체로 부정적 의미로 받아들여진다. 그러나 정말 먼지는 흔하기만 하고 쓸모 없는 존재일까? 만일 성가신 먼지가 전혀 존재하지 않는다면 과연 아름다운 세상이 될까? 답은 '전혀 그렇지 않다' 이다. 먼지가 없다면 지구상의 생명체는 대부분 사라지고 말 것이다.

 생명이 유지되기 위해서는 반드시 물이 필요한데, 먼지가 없으면 비가 잘 내리지 않아 물의 순환이 어려워지기 때문이다. 비는 대기 중의 수증기가 뭉쳐 중력에 의해 아래로 떨어지는 것이다. 이 때 수증기가 뭉치기 위해서는 구심점이 되는 응결핵 condensation nucleus 이 존재해야 하는데, 대개 먼지가 그 역할을 한다. 대기 중 먼지에 수증기와 물방울이 달라붙어 구름을 형성하는 것이다. 따라서 먼지가 없으면 구름도 존재하지 않으며, 결과적으로 비도 내리지 않는다. 인공강우 artificial rainfall 역시 비구름 위에서 핵이 될 먼지를 인위적으로 뿌려서 수증기의 응결을 돕는 원리다. 이처럼 비가 내리는 데에 먼지가 반드시 필요하다. 흥미롭게도 먼지가 있어 비가 올 수 있고 비는 다시 먼지를 씻어내는 양면성을 가지고 있다.

또한 의외로 대기 중의 먼지는 우리가 세상을 더 환하게 보는 데 기여한다. 직진하는 빛이 먼지와 부딪히며 사방으로 산란되기 때문에 햇빛이 직접 닿지 않는 곳까지 밝아지는 것이다. 그래서 햇빛이 가려져 그림자가 드리워져도 사각지대가 완전히 어둡지 않은 것이다. 물론 먼지가 지나치게 많으면 시야를 흐리게 하지만 적당한 양의 먼지는 빛을 고르게 흩뿌려 그늘진 곳까지 밝게 비춰준다.

그리고 사하라 사막에서 불어오는 거대한 모래바람 sandstorm은 주변의 땅과 바다에 영양분을 공급하는 역할을 한다. 무역풍으로 인해 발생하는 하마탄 Harmattan은 사하라 사막으로부터 대서양 연안으로 부는 북동풍이다. 이 먼지 폭풍은 사하라 사막 남쪽 사헬 지방의 토양을 비옥하게 만들고 대서양에 철분을 전해주며, 바다 건너편 아마존 열대 우림에 영양염 nutrient salt을 공급하는 역할도 한다. 바다에 철분이 부족하면 플랑크톤이 살기 어려워 먹이사슬 구조가 붕괴될 수 있다. 그뿐만 아니라 중국과 몽골의 사막에서 발생한 황사 역시 주변 대륙의 땅을 비옥하게 만든다. 황사는 미네랄이 풍부하며, 모래 안에 포함된 알칼리 성분은 토지의 산성화를 막기 때문이다. 이처럼 사막의 먼지는 건강한 자연 생태계를 유지하는 긍정적인 역할도 한다.[19]

한편 과학자들은 북극 얼음 속에 갇힌 먼지를 관찰하여 먼지 이동의 연대기를 밝혀내고 있다. 북극의 얼음은 옅은 황갈색을 띠는데, 주변 대륙에서 바다를 통해 건너온 먼지와 토양이 표면에 얼어붙으면서 생기기 때문이다. 또한 우주로부터 날아오는 먼지를 수집하여 태양계 형성의 비밀을 풀기도 한다. 우주 먼지는 별의 형성, 행성의 발전 과정, 그리고 태양계의 기원을 이해하는 데 필수적인 정보를 제공하기 때문이다. 고고학에서는 오래된 문서나 유물에 쌓인 먼지를 분석하여 그들이 얼마나 오래 보관되었는지를 알아낼 수 있으며, 이를 토대로 유물의 연대를 추정하거나 과거의 생활 환경을 재구성하기도 한다. 먼지는 과학자들이 과거로의 여행이 가능하도록 도와주는 훌륭한 실험 도구다.

이처럼 먼지는 그저 성가시고 쓸모없는 존재가 아니다. 오히려 생명의 순환을 돕고 자연 생태계를 유지하며 과학적 탐구의 중요한 단서를 제공하는 필수적인 요소다. 비가 내려 식물이 성장하고 바다가 풍요로워지는 데에도 먼지가 기여하고 있으며, 심지어 우주의 기원을 연구하는 데에도 활용된다. 우리 주변 어디에나 존재하는 먼지는 때때로 불편함을 주기도 하지만 지구와 우주 곳곳에서 보이지 않는 역할을 수행하며 자연과 인류에게 중요한 가치를 제공하고 있다. 먼지는 그 자체로 자연의 일부이며, 우리가 사는 세상을 더욱 풍요롭게 만드는 숨은 조력자다.

여기에 한 가지를 더 덧붙일 수 있다. 침실과 옷방에서 우리가 매일 쓸어 담고 털어내는 먼지 역시 이 거대한 순환의 일부라는 점이다. 이 장에서 살펴본 것처럼 침대 아래의 정체 공기, 섬유에 쌓이는 정전기, 습기가 만들어내는 곰팡이, 청정실과 시험용 먼지에 이르기까지, 먼지의 움직임을 따라가다 보면 작은 방 안의 청소가 어느새 지구 규모의 공기 흐름과 연결되어 있음을 깨닫게 된다. 결국 침실과 옷방을 청소한다는 것은 단순히 지저분함을 없애는 일이 아니라, 우리가 몸을 누이고 숨을 쉬는 공간이 이 거대한 순환 속에서 어떤 위치를 차지하는지 스스로 조정해 나가는 행위다. 눈앞의 먼지를 이해하는 일은 곧, 우리가 사는 세계와 그 안에서 살아가는 자신의 자리를 더 선명하게 이해하는 일에 가깝다.

Tip !

① 땀과 피부 각질은 집먼지진드기의 주요 먹잇감이므로 침구는 2주에 한 번 세탁합니다.

② 이불 속 진드기는 60°C 이상에서 단백질 변성으로 사멸하므로 햇볕보다 스팀이 효과적입니다.

③ 이물질 위에서 스팀을 사용하면 얼룩이 남으므로 스팀 청소 전 표면의 먼지를 제거합니다.

④ 긴 막대형 청소기로 침대 아래 먼지 덩어리를 제거하여 호흡기 건강을 지킵니다.

⑤ 곰팡이 발생 임계 습도는 60% 이상이므로 습도 50% 이하를 유지합니다.

⑥ 습한 공기는 아래로 가라앉으므로 제습제를 원하는 공간의 바닥 중앙에 둡니다.

주방

기름때 vs. 물때

우리 주변에서 흔히 볼 수 있는 오염물 중 하나가 바로 기름때와 물때이다. 주방의 가스레인지나 후드, 욕실의 수도꼭지와 유리 표면을 보면 쉽게 발견할 수 있으며, 이는 일상 속 청소에서 가장 까다로운 부분 중 하나로 여겨진다. 하지만 이 두 가지 오염물은 성질이 서로 다르기 때문에 동일한 방법으로 제거하려 하면 오히려 효과가 미미할 수 있다. 기름때와 물때를 효과적으로 청소하려면 각각의 화학적 특성과 이에 적합한 제거 원리를 이해하는 것이 중요하다.

기름때는 주로 음식에서 나온 지방과 기름 성분으로 이루어져 있으며, 이는 비극성 non-polar 분자로 구성되어 있다. 기름과 물이 쉽게 섞이지 않는 이유도 바로 이 때문이다. 물은 극성 polar 분자이므로 성질이 다른 비극성 기름을 용해하지 못한다. 이러한 성질 때문에 물로 헹구는 것만으로는 기름때를 제거할 수 없다. 따라서 기름때를 효과적으로 제거하려면 비극성 물질과 친화성이 있는 성분이 필요하다.

이때 중요한 역할을 하는 것이 계면활성제 surfactant다. 계면

활성제는 한쪽은 물과 잘 섞이는 친수성 hydrophilic 부분, 다른 한쪽은 기름과 잘 결합하는 친유성 lipophilic 부분으로 구성되어 있다. 이러한 구조 덕분에 계면활성제는 기름때를 둘러싸서 작은 미세 입자로 분해하고 이를 물과 함께 씻어낼 수 있도록 돕는다. 가정에서 흔히 사용하는 주방 세제에는 바로 이러한 계면활성제가 포함되어 있어 기름때를 효과적으로 제거할 수 있다.[20]

또한 기름때 제거에는 비극성 용제를 사용하는 방법도 있다. 알코올이나 아세톤 같은 용제는 기름 성분을 쉽게 용해할 수 있어 물로는 닦이지 않는 기름때를 녹여내는 데 효과적이다. 특히 오래된 기름때나 찌든 때는 알칼리성 세제를 활용하는 것이 유리하다. 대표적으로 베이킹 소다는 약한 염기성을 띠며, 기름 성분과 반응하여 비누화 작용을 일으켜 쉽게 제거할 수 있도록 돕는다.

한편 욕실과 유리 표면 등에 남는 물때는 기름때와 전혀 다른 성질을 가지고 있다. 물때는 물이 증발하면서 남긴 칼슘, 마그네슘 등의 무기질 찌꺼기로 이루어져 있으며, 이는 알칼리성을 띤다. 수도꼭지나 샤워기 주변에 생기는 단단한 흰색 얼룩이 바로 물때의 대표적인 예이다. 물때는 시간이 지날수록 점점 단단하게 굳어지기 때문에 일반적인 세제나 물로 제거하려 하면 잘 닦이지 않는다.

물때를 효과적으로 제거하려면 알칼리성 오염물과 반응할 수 있는 산성 용액을 사용하는 것이 필요하다. 식초에 포함된 아세트산이나 레몬에 들어 있는 구연산citric acid은 물때의 주요 성분인 칼슘과 마그네슘을 화학적으로 분해하여 쉽게 제거할 수 있도록 만든다. 예를 들어 물때가 쌓인 수도꼭지에 식초를 뿌린 후 일정 시간 동안 방치하면 산과 무기질이 반응하여 물에 녹는 형태로 변환되면서 쉽게 닦아낼 수 있게 된다.

하지만 물때가 단단하게 굳어있을 경우에는 화학 반응만으로는 완전히 제거하기 어려울 수 있다. 이럴 때는 연마력이 있는 스펀지나 브러시를 활용하여 물리적으로 문질러 제거하는 것이 필요하다. 일부 청소 제품에는 미세한 연마제가 포함되어 있어 강한 물때를 제거하는 데 도움을 줄 수 있다.

기름때와 물때는 화학적 성질이 근본적으로 다르기 때문에 이를 제거하는 방식 또한 완전히 다르게 접근해야 한다. 기름때는 비극성 물질이므로 계면활성제나 비극성 용제를 사용해야 하며, 물때는 알칼리성 물질이므로 산성 용액을 이용해 중화해야 한다. 이처럼 올바른 화학적 원리를 이해하고 적절한 청소 방법을 선택하면 더욱 효과적으로 오염을 제거하고 깨끗한 환경을 유지할 수 있다.

기름, 꿀 등 점성이 청소에 미치는 영향

주방에서 요리를 하다 보면 기름이 튀거나 꿀처럼 점성이 높은 물질이 흘러 표면에 달라붙는 일이 흔하다. 이러한 유성분과 점성이 강한 물질은 물로만 씻어내기 어려운 특성을 가지며, 효과적으로 제거하지 않으면 표면에 남아 오염이 지속될 수 있다. 이는 기름과 점성 물질이 가진 독특한 화학적, 물리적 성질 때문이며 이를 이해하면 보다 효과적인 청소 방법을 적용할 수 있다.

기름이 단순히 표면에 얇게 퍼진 것이 아니라 점성이 높은 상태로 존재할 경우, 제거가 더욱 까다로워진다. 점성 viscosity 이란 액체가 흐르는 데 저항하는 성질로 분자 간의 인력이 강할수록 점성 역시 강해진다. 꿀, 시럽, 조리된 기름과 같은 점성 물질은 분자들이 서로 강하게 결합하고 있어, 표면에 오랫동안 남아 있기 쉽다. 특히, 기름이 높은 온도에서 산화되어 변성되면 중합 반응 polymerization 이 일어나면서 끈적한 막이 형성되는데, 이 상태의 오염물은 단순한 세척만으로는 제거가 어렵다.

이러한 점성 물질을 효과적으로 제거하려면 점성을 낮추거나 분자 간 결합을 약화시키는 방법이 필요하다. 가장 일반적인 방법은 열을 가하는 것이다. 온도가 상승하면 분자 운동이 활발해지고 점성이 낮아져 표면에 달라붙은 오염물이 쉽게 분리될 수 있다. 뜨거운 물을 사용하면 기름때가 더 쉽게 제거되는 이유도 바로 이 때문이다. 또한 점성이 강한 물질이 표면에 두껍게 쌓였을 경우에는 물리적인 방법이 함께 필요하다. 스펀지나 스크래퍼scraper를 이용해 물리적으로 문질러 주면 점성이 낮아지면서 오염물이 분리되는 효과를 얻을 수 있다.

결국 점성이 강한 물질을 제거하는 데에는 그들의 물리적, 화학적 성질을 이해하는 것이 필수적이다. 점성이 강한 물질은 열이나 용제를 이용해 점도를 낮춘 후 물리적으로 제거하는 것이 효과적이다. 이러한 원리를 적용하면 주방 청소뿐만 아니라 산업 현장에서의 기름 오염 제거, 자동차 부품 세척 등 다양한 분야에서 보다 효율적인 청소 방법을 찾을 수 있을 것이다.

광택의 미학과 과학

주방 광고를 보면 언제나 반짝반짝 빛나는 조리대, 물방울 한 점 없는 스테인리스 싱크, 유리처럼 매끄러운 인덕션이 등장한다. 세정제 광고에서도 누군가 싱크대를 한 번 쓱 닦는 순간 순식간에 번쩍이며 광택이 되살아나고, 카메라는 그 반짝임을 클로즈업한다. 그만큼 주방이라는 공간에서 빛나는 광택은 단순한 미적 요소가 아니라 청결의 완성으로 상징된다.

그렇다면 왜 특히 주방에서의 광택이 중요한 것일까? 주방은 음식을 조리하고 섭취하는 공간이므로 깨끗한 표면을 유지하는 것이 필수적이다. 그런 의미에서 광택은 미적인 요소를 넘어 위생과 기능성까지 포함하는 중요한 개념이다. 단순히 오염 물질을 제거하는 것만으로는 충분하지 않으며, 표면에 남아 있는 미세한 얼룩과 지문까지 제거해 빛나는 광택을 내는 것이 청결을 완성하는 단계라고 할 수 있다. 광택이 나는 표면은 보기에 좋은 것뿐만 아니라 오염물과 수분이 쉽게 들러붙지 않아 청소가 더욱 용이하도록 하는 효과도 있다.

주방의 광택 관리에는 다양한 과학적 원리가 숨어 있다. 극세사 천을 사용하면 정전기적 인력으로 미세 입자를 끌어당기며, 표면의 미세한 굴곡까지 따라 들어가 오염을 제거한다. 스테인리스 싱크나 인덕션 표면의 지저분한 자국들은 대부분 미세한 흠집과 잔여 오염층에서 비롯된 것으로 약산성(식초), 약알칼리성(베이킹소다) 혹은 아주 약한 연마제를 사용해 표면을 부드럽게 갈아내면 금속 본연의 반사도가 되살아난다. 그래서 새로 산 프라이팬이나 냄비에는 '연마제를 완전히 제거하라'고 적힌 경우가 많다. 제조 과정에서 생긴 연마제가 남아 있으면 물과 기름을 튕기며 얼룩을 만들거나 표면 보호막 형성에 방해가 되는 경우가 있기 때문이다.

이런 표면 관리 원리는 구두의 광택과 유사하다. 구두 표면을 문질러 광택을 내는 과정은 가죽 표면의 미세한 요철을 메우고 얇은 코팅층을 형성하는 기술적 과정이다. 물광은 물과 구두약을 이용해 얇고 균일한 막을 만드는 방식이며, 불광은 열을 활용해 왁스를 깊이 녹여 스며들게 한 뒤 굳히면서 강한 보호막을 형성한다. 둘 다 표면을 평탄화하고 반사율을 높여 빛을 고르게 퍼지게 만드는 기술이다. 주방에서도 이 원리는 똑같이 적용된다. 조리대, 싱크대, 식기, 유리 표면에 남은 얼룩이 사라지고 표면이 매끄러워질수록 빛은 더 고르게 퍼지며, 공간은 더 밝고 위생적으로 보인다.

산업에서 사용되는 광택 기술도 기본 원리는 흠집을 제거하거나 채워 넣는다는 점에서 같다고 할 수 있다. 기계적 연마mechanical polishing는 연마재를 이용해 표면을 물리적으로 마찰시키면서 미세한 흠집을 제거하여 광택을 내는 방식이다.

화학적 연마 chemical polishing 는 산이나 알칼리 용액을 이용해 표면을 선택적으로 녹여 매끄러운 표면을 만든다. 전해 연마 electro polishing 는 금속을 전해질 속에서 양극으로 작용하게 하여 표면의 미세한 돌출 부분을 제거하고 동시에 내식성을 높인다.

한편 보다 정밀한 처리가 필요한 경우 플라즈마 연마 plasma polishing 기술이 사용된다. 이는 고온의 플라즈마를 활용해 표면의 원자를 재배열해서 더욱 균일하고 고광택의 마감을 형성하는 기술이다. 또한 나노 코팅은 나노 입자를 활용하여 표면의 광학적 특성을 조절하거나 오염 방지 효과를 부여한다. 스마트폰의 유광 프레임, 고급 가구의 깊은 광택, 자동차 외장의 발수 코팅도 모두 동일한 표면과학의 연장선이다.

주방으로 다시 돌아오면, 광택은 표면이 얼마나 잘 관리되고 있는지를 보여주는 가장 직관적인 신호다. 매끄럽게 정리된 표면은 오염물이 덜 달라붙고 조리 후 남은 잔여물도 쉽게 닦여 나가며, 전체 공간의 위생을 안정적으로 유지한다. 반짝임이 일정하다는 것은 그 아래의 연마, 세정, 코팅 같은 물리, 화학적 관리가 제대로 작동하고 있다는 뜻이다.

반짝이는 표면이 주방에서 특별하게 느껴지는 이유는 그 반사 속에 공간의 상태가 고스란히 드러나기 때문이다. 깨끗하게 관리된 표면은 그 자체로 하나의 메시지다. 정돈된 생활,

위생에 대한 신경, 제자리를 찾은 물건들 그리고 그 뒤에서 이어진 수많은 작은 손길들까지 모두 빛 속에서 드러난다. 광택은 단지 보기 좋게 만드는 기술이 아니라 주방이라는 공간을 일상의 중심으로 유지하기 위한 세심한 관리의 흔적이다.

물티슈, 편리함과 환경 사이

　주방에서 물티슈는 의외로 자주 등장한다. 원래는 손을 닦기 위한 제품이지만 실제로는 행주보다 먼저 손이 가는 경우가 많다. 행주는 오래 쓰면 냄새가 나서 자주 빨아야 하므로 관리가 번거롭다. 아이가 있는 집에서는 식탁이 금세 어질러져 행주로 일일이 대응하기 어려워 물티슈를 쓰는 경우가 많다. 이처럼 물티슈는 손을 닦는 본래 목적 외에도 주방 표면의 즉각적인 오염 제거에 널리 쓰인다.

　1958년 미국의 화장품 전문가 아서 율리우스 Arthur Julius 는 화장품 산업에서 쌓은 경험을 바탕으로 위생과 피부 관리의 편의성을 높이기 위해 물티슈 '웻냅 Wet-Nap'을 발명했다. 그의 발명은 언제 어디서나 손과 피부를 깨끗하게 관리할 수 있는 새로운 방법을 제시하며, 현대 물티슈 산업의 출발점이 되었다.

　율리우스는 물티슈가 미래에 세상을 뒤덮을 것이라 예상이라도 한 듯 그 해 바로 'Wet-Nap'이라는 상표를 등록했으며, 이 명칭은 여전히 물티슈의 대명사로 사용되고 있다. 그는 1960년 미국 시카고에서 열린 내셔널 레스토랑 쇼 National Restaurant Association Show 에서 자신의 발명품을 공개하였다. 이 전시회는 매년 시카고에서 개최되는 세계 최대 규모의 식당 및 관련 산업 박람회다. 1963년에는 켄터키 프라이드 치킨의 고객용 물티슈를 판매하기 시작하였다. 치킨과 함께 제공된 물티슈는 그 편리함 덕분에 순식간에 전국 각지로 퍼져나갔고 현재 물티슈는 전 세계적으로 하루 수억 장 이상 사용된다. 간편성과 휴대성 덕분에 현대인의 위생에 절대적인 책임을 지고 있다.

이처럼 물티슈는 현대인의 생활에서 빼놓을 수 없는 필수품이 되었다. 손이나 물건의 오염을 쉽게 닦아낼 수 있어 위생적이고 휴대가 간편하여 많은 사람들이 일상적으로 이용한다. 그러나 물티슈를 일반 티슈에 물을 적신 형태로 오해하는 경우가 많다. 사실 물티슈는 티슈와 전혀 다른 과학적 원리를 바탕으로 만들어진 제품이며, 그 특성상 환경적인 영향을 고려해야 하는 문제로 확장된다.

일반 티슈는 주로 종이를 만드는 셀룰로오스 cellulose 로 이루어져 있어 물을 흡수하면 쉽게 찢어진다. 셀룰로오스가 수소 결합을 통해 섬유 구조를 유지하는데, 물이 스며들면 결합이 약해져 섬유들이 쉽게 분리되기 때문이다. 종이를 구기면 주름이 그대로 유지되지만 물이 닿으면 이 결합이 풀리면서 다시 펴지거나 쉽게 찢어지는 현상도 같은 원리에서 비롯된다.

하지만 물티슈는 일반 티슈와 달리 레이온이나 폴리에스터 같은 합성 섬유로 제작된 부직포로 이루어져 있다. 부직포는 실을 엮어 만든 직물이 아니라 섬유를 무작위로 배열하고 서로 엉키거나 접착제 등으로 결합한 시트 형태의 천이다. 이처럼 특수한 섬유 구조 덕분에 물티슈는 젖은 상태에서도 강도를 유지하며, 일반 티슈와 달리 강한 힘으로 잡아당겨도 쉽게 찢어지지 않는다.

물티슈는 젖은 표면을 닦아내는 일반 티슈와 달리 마른 표면의 오염을 효과적으로 제거한다. 그 이유는 물티슈에 포함된 다양한 성분과 섬유 구조 덕분이다. 물티슈에는 기본적으로 정제수가 포함되어 있으며, 이와 함께 계면활성제 성분이 추가되어 표면의 유분과 오염물을 효과적으로 분해할 수 있도록 제작된다. 또한 개봉 후에도 장기간 사용할 수 있도록 소듐벤조에이트, 카프릴릴글라이콜과 같은 보존제가 포함되어 있어 미생물의 번식을 막고 위생적인 상태를 유지한다. 일부 물티슈에는 피부 보호 성분이 포함되기도 하는데, 세라마이드, 콜레스테롤 같은 성분은 피부 장벽을 보호하고 보습 효과가 있어 피부가 건조해지는 것을 방지한다.

이처럼 편리하고 위생적인 장점을 가진 물티슈지만 환경을 고려하면 그 이면에 심각한 문제가 있다. 가장 큰 문제는 물티슈가 재활용이 어렵고 생분해되지 않는다는 점이다. 대부분의 물티슈는 폴리에스터와 폴리프로필렌 같은 플라스틱 섬유로 제작되었기 때문에 물에 녹지 않는다. 그 결과 하수구에 버릴 경우 하수 처리장에서 다른 쓰레기와 엉켜 하수관을 막는 등 큰 문제를 일으키기도 한다. 이는 화장실에 '변기에 물티슈를 버리지 말라'는 경고문이 있는 이유이기도 하다.

뿐만 아니라 물티슈가 바다로 흘러 들어가면 잘게 부서져 미세 플라스틱이 되어 해양 생태계를 위협할 가능성이 크다. 물고기나 조개가 이를 섭취하여 해양 생태계와 먹이 사슬 전반에 악영향을 미칠 수 있기 때문이다. 소각 처리 시에도 다이옥신과 같은 유해 물질이 발생할 수 있어 환경 부담이 더욱 커진다. 이러한 문제를 해결하기 위해 최근에는 친환경 물티슈가 개발되었다. 플라스틱을 사용하지 않는 '제로 플라스틱 물티슈'나 자연적으로 분해되는 생분해성 물티슈가 대표적인 예다. 하지만 친환경 물티슈는 일반 물티슈보다 내구성이 약하고 쉽게 찢어지는 단점이 있어 실용성 측면에서 여전히 보완이 필요하다.[21]

이처럼 물티슈는 위생과 편리함이라는 분명한 장점을 갖고 있지만, 동시에 환경적 지속 가능성이라는 풀기 어려운 과제를 남긴다. 물티슈에 포함된 합성섬유와 플라스틱 성분은 분해 과정에서 미세 플라스틱으로 전환되어 생태계에 장기적인 영향을 미칠 수 있다. 이러한 문제를 해결하기 위해서는 개인적인 사용 자제 같은 실천을 넘어 생분해성 소재 개발, 폐수 처리 기술의 고도화, 플라스틱 대체 물질 연구 등 과학기술적 접근이 병행되어야 한다. 앞으로는 위생과 환경 보호를 동시에 충족할 수 있는 기술 혁신이 물티슈 산업의 핵심 과제가 될 것이다.

버려진 맛의 종착지

　신혼부부들이 가전을 준비할 때 주변에서는 흔히 '3대 이모님'을 모시라는 이야기를 한다. 식기세척기, 건조기, 로봇 청소기가 바로 그 분들이다. 최근 들어서는 음식물 처리기도 그 반열에 오르며 '4대 이모님'으로 묶이는 추세다. 주방일 중에서도 음식물 쓰레기 처리만큼 많은 사람이 번거롭고 불쾌하다고 느끼는 작업은 드물기 때문이다. 여름철이면 음식물 쓰레기에서 금세 냄새가 올라와 이를 잠시 냉동실에 보관하는 일이 많은 가정의 일상이 되었다. 이러한 맥락에서 음식물 처리기는 단순한 편의 제품을 넘어 생활 동선을 바꾸는 장치로 자리 잡았다.

　요즘은 과학 기술로 음식물 쓰레기 문제를 해결하지만 불과 몇 세대 전만 해도 전혀 다른 방식으로 처리되었다. 가축을 키우는 농가에서는 남은 음식이 사료로 쓰였고 음식물 찌꺼기는 퇴비로 활용되었다. 이러한 자연 순환 구조 덕분에 음식물 쓰레기가 환경에 부담을 주는 일이 드물었다. 그러나 현대 사회로 들어서면서 식품이 대량으로 생산되고 도시 생활이 중심이 되면서 음식물 쓰레기의 처리는 더 이상 자연적으로 해결할 수 없는 문제가 되었다. 이에 따라 다양한 음식물 쓰레기 처리 기술이 개발되었으며, 이는 과학적 원리를 기반으로 발전해왔다.

음식물 쓰레기를 효과적으로 처리하기 위해 사용되는 방법 중 하나는 분쇄다. 이 방식은 음식물 쓰레기를 미세한 입자로 분쇄하여 하수도로 배출한다. 분쇄기는 강력한 회전날을 이용해 음식물을 잘게 쪼개어 부피를 줄이고 하수 처리장에서 쉽게 분해되도록 만든다. 다만 분쇄된 음식물이 하수관에 쌓이면 막힘이 발생할 수 있고 하수 처리장의 부담을 증가시킬 수 있기 때문에 신중히 사용해야 한다.

또 다른 대표적인 음식물 쓰레기 처리 방식은 건조다. 건조기는 음식물 쓰레기의 수분을 제거하여 부피를 줄이는 역할을 한다. 음식물의 상당 부분이 수분으로 이루어져 있기 때문에 탈수 과정을 거치면 쓰레기의 부피가 현저히 감소하여 보관과 운반이 더욱 용이해진다. 이 과정에서 열풍이나 전기 가열로 수분이 빠져나가면서 미생물의 번식이 어려워지고 부패가 지연되는 효과도 얻을 수 있다. 특히 건조된 음식물 쓰레기는 퇴비로 활용하거나 일반적으로 처리할 때도 위생적인 장점이 있다.

보다 친환경적인 방법으로는 발효가 있다. 발효기는 미생물을 이용해 음식물 쓰레기를 퇴비로 바꾸는 기술을 사용한다. 음식물의 탄수화물, 단백질, 지방 등이 미생물의 대사 작용을 통해 분해되며, 이 과정에서 열과 이산화탄소가 발생한다. 특히, 공기가 충분히 공급되는 호기성 발효 방식에서는 악취 발생이 적고 퇴비화 과정이 더욱 빠르게 진행된다. 일정 시간이 지나면 음식물 쓰레기는 완전히 분해되어 유기질 비료로 변하며, 이는 농업에 유용하게 활용될 수 있다.

보다 강력한 처리 방법으로는 소각이 있다. 소각기는 음식물 쓰레기를 고온에서 연소시켜 부피를 90% 이상 줄이고 열 에너지를 회수하는 기술을 포함한다. 연소 과정에서 음식물의 유기물이 이산화탄소와 물로 전환되며, 남은 재는 극소량이다. 일부 소각 시스템은 발생하는 열을 난방이나 전력 생산에 활용하여 에너지 효율을 높인다. 예를 들어 유럽의 일부 국가에서는 소각을 통해 지역 난방 시스템을 운영한다. 그러나 연소 과정에서 다이옥신이나 미세 먼지 같은 오염 물질이 배출될 가능성이 있으므로 최신 소각기는 고성능 필터와 배기 가스 처리 시스템을 갖추어 환경적 영향을 최소화한다. 또한 소각 후 남은 재는 건축 자재로 재활용되거나 안전하게 처리된다.

이와 함께 대규모 음식물 쓰레기 처리 시설에서는 호기성 퇴비화 시스템을 적용하기도 한다. 이 방식은 음식물 쓰레기를 공기 중의 산소를 활용하여 미생물이 자연적으로 분해하도록 돕는 과정이다. 퇴비화가 진행되는 동안 온도와 습도가 조절되며, 최적의 조건에서 음식물이 빠르게 분해된다. 이 방법은 대량의 음식물 쓰레기를 처리하는 데 적합하며, 최종적으로 생산된 퇴비는 농업용 비료로 사용될 수 있다. 이러한 방식은 음식물 쓰레기를 단순히 폐기하는 것이 아니라 다시 자연으로 환원시키는 순환 경제의 핵심 요소로 작용한다.

현대 사회에서는 음식물 쓰레기의 처리가 환경 문제와 직결되기 때문에 지속 가능한 자원 순환 체계를 구축하는 것이 매우 중요하다. 음식물 쓰레기는 전체 생활폐기물의 상당 부분을 차지하며, 부적절하게 처리될 경우 메탄과 같은 온실가스를 배출해 기후 변화의 원인이 되기도 한다. 이에 따라 최근에는 친환경 음식물 쓰레기 처리 기술이 빠르게 발전하고 있다.

가정용 처리기는 이 여러 기술을 축약한 형태로 발전해 왔다. 최근 제품들은 건조·분쇄·탈취를 결합해 감량률을 80~90%까지 높이고, 냄새를 줄이는 필터 시스템과 에너지 손실을 최소화하는 열교환 기술을 적용하고 있다. 산업·연구 분야에서는 더 나아가 음식물 쓰레기에서 단백질과 지방을 추출해 사료·첨가물·미생물 배양 기질로 활용하는 자원화 기술도 진행 중이다. 바이오가스 생산이나 곤충 사료화 같은 생물학적 접근 역시 에너지·자원 절약 측면에서 각광받고 있다.

한편 산업 및 연구 차원에서는 음식물 쓰레기의 자원화가 주목받고 있다. 대표적인 사례로 유럽 연합(EU)의 노샨(Noshan) 프로젝트가 있다. 이 프로젝트는 유럽 연합의 지원을 받아 추진된 것으로 음식물 쓰레기에서 단백질, 지방, 유기산 등 기능성 원료를 추출하여 가축 사료, 식품 보조제, 미생물 배양용 기질, 생리활성 물질 등을 생산하는 방안을 제시하였다. 이를 통해 폐기물을 단순히 처리 대상으로 보지 않고 순환 경제 circular economy 의 핵심 자원으로 전환하려는 시도가 이루어지고 있다.[22]

이 밖에도 국내외에서는 음식물 쓰레기를 이용해 바이오가스(메탄 등) 생산, 퇴비화, 곤충 사료화 등 다양한 생물학적 처리 기술이 병행되고 있다. 이러한 기술들은 온실가스 저감과 자원 절약에 기여함으로써 폐기물 처리를 넘어 지속 가능한 에너지와 소재 생산의 새로운 패러다임을 제시하고 있다.

과거에는 음식물 쓰레기가 자연스럽게 가축 사료나 퇴비로 활용되며 완벽한 순환 구조를 이루었다. 그러나 현대에는 이러한 순환이 단절되면서 음식물 쓰레기가 환경 문제로 대두되고 있다. 다양한 음식물 쓰레기 처리 기술이 발전하면서 우리는 점차 자연 친화적인 해결책을 찾아가고 있다. 하지만 근본적인 해결책은 음식물 쓰레기 자체를 줄이는 데 있으며, 기술적인 발전과 함께 음식물 낭비를 줄이려는 개인과 사회의 노력이 함께 이루어질 때 지속 가능한 미래를 만들 수 있을 것이다.

배관을 따라 흐르는 과학

배관은 눈에 보이지 않지만 가정과 산업 시설에서 물과 오수를 순환시키는 중요한 통로다. 특히 주방의 배수구와 배관은 음식물이 빠져나가는 통로로 청소가 어렵고 관리 소홀 시 악취나 역류, 막힘 같은 문제가 생기기 쉽다. 배관 내부는 시간이 지나면서 녹corrosion, 기름때grease, 미네랄 침착물scaling, 유기물 등의 오염 물질이 축적되며, 유로가 점차 좁아지고 결국 막힘 현상이 발생한다. 이는 유체의 흐름을 방해하고 배관 시스템의 효율성을 저하시킨다. 이러한 문제를 해결하기 위해서는 유체의 흐름을 최적화하는 원리와 다양한 청소 기술을 적절히 조합해야 한다.

배관 청소에서 가장 중요한 요소는 유체의 압력과 유속이다. 고압 세척은 유체역학 원리를 활용한 대표적인 방법으로 높은 압력의 물줄기가 배관 내벽을 따라 흐르면서 오염 물질을 물리적으로 제거한다. 이는 유체의 흐름이 난류turbulent flow 상태가 될 때 더욱 효과적인데, 난류에서는 액체의 운동이 불규칙해지면서 배관 벽면의 오염 물질을 강하게 교반할 수 있기 때문이다. 반면 층류laminar flow 상태에서는 유체가 벽면과 평행하게 흐르므로 청소 효과가 상대적으로 떨어진다.

화학적 청소 방법도 자주 사용된다. 배관 내부에 생기는 녹을 제거하려면 산성 세정제가 효과적이다. 이는 녹의 주요 성분인 산화철과 반응하여 녹을 용해하는 방식으로 작용한다. 반대로 기름때와 같은 유기물 제거에는 알칼리성 세정제가 사용된다. 수산화나트륨과 같은 물질은 기름과 반응하여 비누화 반응 saponification을 일으키고, 이를 물에 용해될 수 있는 형태로 변환시킨다. 이러한 화학적 반응을 적절히 조절하면 배관 내부의 오염을 효과적으로 제거할 수 있다.

물리적인 청소 방법으로는 기계적인 힘을 이용한 방식도 있다. 회전식 브러시를 사용한 드레인 로터리 drain rotary는 배관 내벽을 긁어내면서 오염 물질을 직접 제거하는 방식으로 주로 심하게 막힌 배관에서 사용된다. 또한 강한 공기압을 활용하는 방식도 있으며, 이는 순간적으로 높은 압력을 발생시켜 배관 내부의 막힘을 제거하는 역할을 한다.

배관 내부의 오염을 물리적으로 제거하는 원리를 한층 정교하게 발전시킨 기술이 바로 초음파 세척이다. 초음파 세척은 높은 주파수의 음파를 액체에 전달하여 미세한 기포를 형성하는 공동현상 cavitation을 이용한다. 이러한 기포는 내부에서 순간적으로 높은 압력을 발생시키며, 터질 때 충격파를 방출하여 표면의 오염 물질을 제거한다. 이 과정은 세밀한 표면 청소가 필요한 경우 특히 효과적이며, 안경 세척, 정밀 기기 세척, 의료기기 소독 등에 널리 사용된다. 공동현상이 극대화되려면 액체의 점도와 주파수의 조절이 중요한데, 주파수가 너무 낮으면 거친 세척이 이루어지고 너무 높으면 세정력이 약해질 수 있다.

이와 유사한 원리로 작동하는 또 다른 청소 기술은 버블 세척이다. 이는 기포가 터질 때 발생하는 미세한 유체 흐름을 활용하여 표면의 이물질을 제거하는 방식이다. 주로 섬세한 섬유나 의류 세척에서 효과적인데, 미세한 거품이 섬유 사이에 침투하여 오염 물질을 물리적으로 분리해낸다. 세탁기에서도 나노 버블 기술이 적용되면서 물속에서 보다 작은 기포를 형성하여 오염 제거 효과를 높이는 연구가 진행되고 있다.

최근 산업용 청소 기술로 각광받고 있는 방법 중 하나는 레이저 청소다. 레이저 청소는 고출력 레이저를 표면에 조사하여 오염 물질을 증발시키거나 기화시켜 제거하는 방식이다. 기존의 화학적 세정제나 물리적 세척 방법과 달리 레이저는 특정 물질만 선택적으로 제거할 수 있어 정밀한 세정이 가능하다. 레이저 빔이 표면에 닿으면 오염 물질의 분자가 순간적으로 높은 에너지를 받아 분해되며 이러한 과정을 통해 도금된 표면이나 섬세한 전자 부품을 손상 없이 세척할 수 있다.

참고로 맥주관 청소도 배관 청소와 유사한 원리가 적용된다. 맥주관 내부는 시간이 지나면서 효모, 단백질, 미네랄 성분이 쌓이게 되며, 이는 맥주의 맛과 품질을 저하시킬 수 있다. 맥주관 청소에서는 주로 알칼리성 세정제가 사용되며, 이는 단백질 및 유기물 찌꺼기를 분해하는 데 효과적이다. 또한 일정 주기로 산성 세정제를 사용하여 미네랄 침착물을 제거하고 배관을 깨끗한 상태로 유지한다. 압축 공기나 이산화탄소를 사용하여 유체를 강하게 밀어내는 방법도 적용되는데, 이는 청소 후 잔여 세정제가 남지 않도록 하는 중요한 과정이다.

가정에서의 배관 관리는 그리 거창할 필요가 없다. 음식을 조리한 뒤 남은 기름은 배수구로 흘려보내지 않고 키친타월로 먼저 흡수해 버리는 것이 막힘을 줄이는 가장 기본적인 원칙이다. 그 밖의 오염물은 온수로 배관 벽면의 기름 성분을 느슨하게 만든 뒤 흘려보내거나, 약한 알칼리성(베이킹소다)과 약산성(식초)을 시간차를 두고 사용해 각기 다른 종류의 침착물을 분해하는 방식으로 관리할 수 있다.

물리적 차단 역시 매우 효과적이다. 배수구 거름망을 통해 큰 입자와 섬유질이 배관 깊숙이 들어가는 것을 막으면, 배관 내부에서 일어나는 복잡한 유체 흐름과 화학 반응을 애초에 단순하게 만들어 준다. 이렇게 보면 가정의 배관 관리도 결국 산업 청소 기술과 같은 원리를 축소해 적용하는 셈이다. 유체의 흐름, 온도, 반응성이라는 기본 원리를 이해하기만 해도 주방의 배관은 생각보다 오래 쾌적하게 유지될 수 있다.

Tip !

① 기름때는 오염 직후 닦아야 산화, 중합으로 끈적이는 막이 생기지 않습니다.

② 기름때 청소 후 남은 세제가 표면 산화를 유발할 수 있으므로 마른 천으로 마무리합니다.

③ 스테인리스 광택은 올리브유 한 방울로 마감하면 유막이 형성되어 얼룩 재발을 방지합니다.

④ 수분이 남으면 석회질이 다시 결합하여 물 자국이 생기므로 청소 후 완전 건조시킵니다.

⑤ 알코올 함유된 물티슈로 가전의 외관을 닦으면 빠른 휘발로 물자국이 남지 않습니다.

⑥ 커피 찌꺼기는 냄새를 흡착, 베이킹소다는 산성 냄새를 중화시키므로 활용합니다.

⑦ 음식물 쓰레기통은 통풍이 아닌 밀폐형을 사용하여 초파리 접근을 막습니다.

⑧ 기름은 냉각 시 고형화되어 막힘의 원인이 되므로 배수구에 버리지 않습니다.

⑨ 배수구의 물 흐름이 느릴 때는 고압 물 분사기로 막힌 부분을 뚫습니다.

화장실

강력한 살균제의 탄생

우리가 매일 드나드는 공간 중 가장 눈에 띄지 않지만 가장 과학적인 곳이 있다. 바로 화장실이다. 이곳은 물, 세균, 화학 물질, 공기의 흐름이 복잡하게 얽혀 있는 작은 실험실과도 같다. 변기 주변의 세균을 없애고 타일 틈의 곰팡이를 제거하기 위해 우리가 무심코 사용하는 투명한 액체, 락스에는 사실 놀라운 과학이 숨어 있다.

락스는 강력한 살균과 표백 효과를 지닌 대표적인 세정제다. 많은 사람들이 락스를 청소용 세제로만 인식하지만 락스의 기원과 화학적 원리를 살펴보면 이 물질이 현대 위생 관리에서 얼마나 중요한 역할을 하는지 알 수 있다. 락스는 살균력과 비용, 편의성을 종합적으로 고려할 때 가장 적합한 소독제로 평가받으며, 다양한 용도로 활용된다. 그러나 강력한 화학적 성질을 가진 만큼 올바른 사용법과 주의 사항도 함께 이해해야 한다.

락스의 화학적 기원은 상당히 오래되었다. 18세기 프랑스 화학자 클로드 루이 베르톨레 Claude Louis Berthollet가 처음으로 차아염소산나트륨을 발견했으며, 이를 표백과 살균 용도로 활용할 수 있음을 밝혀냈다. 이후 19세기에는 산업적 생산이 본격화되었고 20세기 초에는 클로락스 Clorox 사에 의해 대중화되면서 가정에서도 쉽게 사용할 수 있는 소독제로 자리 잡았다.

락스라는 명칭은 사실 고유명사에서 비롯되었다. 1913년, 미국의 클로락스 사가 차아염소산나트륨을 주성분으로 하는 강력한 표백제를 출시했다. 이 제품은 세탁, 욕실 청소, 살균 용도로 널리 사용되었고 시간이 지나면서 브랜드명인 클로락스가 표백제의 대명사처럼 불리게 되었다. 결국 사람들이 클로락스라는 이름에서 뒤의 두 글자만 따 '락스'라고 부르기 시작하면서 오늘날까지 이어진 것이다. 이는 대일밴드가 반창고를, 포크레인이 굴착기를 의미하는 것처럼 특정 브랜드명이 일반 명사화된 사례다.

락스의 살균 원리는 강력한 산화 작용에 기반을 둔다. 락스의 주성분인 차아염소산나트륨은 물과 반응하면 차아염소산을 형성한다. 차아염소산은 세균과 바이러스의 세포막을 파괴하고 단백질을 변성시키는 강력한 산화제 역할을 한다. 이를 통해 박테리아, 곰팡이, 바이러스 등 다양한 병원균이 생존할 수 없는 환경을 만든다. 이러한 성질 덕분에 락스는 욕실과 주방뿐만 아니라 병원, 공공시설에서도 위생 관리 용도로 널리 사용된다.

락스는 희석 정도에 따라 용도가 달라진다. 1,000ppm 농도로 희석하면 강력한 바이러스 소독제로 활용할 수 있으며, 250ppm 정도로 희석하면 세탁기나 욕실 청소에 효과적이다. 과일이나 채소를 살균할 때는 100ppm 정도의 매우 낮은 농도로 희석하여 사용하며, 일정 시간 후 깨끗이 헹궈야 한다. 락스의 농도 단위를 나타낼 때 자주 사용되는 ppm parts per million은 백만 분율을 의미하는데 예를 들어 1ppm은 100만 분의 1을 뜻한다. 이 단위는 미량의 성분 함량을 나타낼 때 유용하게 사용된다.

락스는 현대적인 화학 기술을 기반으로 하지만 사실 염소를 활용한 세척법은 인류가 오래 전부터 사용해왔다. 바닷물의 염분은 자연적인 소독 효과를 지니며, 전통적인 빨래 방식에서도 잿물을 이용해 강한 알칼리성 세정 효과를 얻었다. 이러한 전통적인 방법들이 발전하면서 현대적인 락스가 탄생하게 되었고 오늘날에는 더욱 정제된 형태로 살균과 표백에 활용되고 있다.

하지만 락스는 강력한 화학 물질인 만큼 올바르게 사용하지 않으면 위험할 수 있다. 고농도의 락스가 피부나 눈에 닿으면 화학적 화상을 유발할 수 있으며, 암모니아가 포함된 세제와 혼합할 경우 독성 가스를 발생시켜 호흡기 손상을 초래할 수도 있다. 따라서 락스를 사용할 때는 반드시 환기가 잘 되는 공간에서 작업해야 하며, 고무장갑을 착용하여 피부 보호에 신경 써야 한다. 또한 희석 비율을 정확히 맞추지 않으면 오히려 살균력이 떨어질 수 있으므로 용도에 맞게 적절한 농도로 사용하는 것이 중요하다.

최근에는 락스의 강력한 살균력을 유지하면서도 환경에 덜 해로운 제품을 개발하려는 연구가 진행되고 있다. 일부 기업들은 친환경적인 저농도 차아염소산 제품을 개발하고 있으며, 천연 소독제와의 조합을 통해 락스의 효과를 극대화하는 방법도 연구되고 있다.

현대 사회에서 락스는 위생과 공중보건을 책임지는 중요한 살균제 역할을 하고 있다. 특히 코로나19 팬데믹 이후 바이러스 예방과 공공장소 소독의 중요성이 커지면서 락스의 활용도는 더욱 강조되었다. 강력한 살균력과 경제성을 고려할 때 락스는 앞으로도 다양한 환경에서 필수적인 소독제로 사용될 것이다. 그러나 그만큼 올바른 사용법과 안전한 관리가 필수적이며, 환경적 영향을 고려한 지속 가능한 대안도 함께 고민해야 한다.

악취와의 전쟁

　화장실은 일상에서 가장 자주 사용되는 공간이지만 습기와 유기물의 분해로 인해 악취가 쉽게 발생하는 곳이기도 하다. 특히 암모니아와 황화수소와 같은 기체는 불쾌한 냄새의 주요 원인으로 작용하며, 청소가 미흡하면 오랜 시간 냄새가 남아 위생 상태에도 영향을 미친다.

　이처럼 냄새는 단순한 불쾌감을 넘어 우리의 기분과 생활환경 전반에 영향을 미친다. 쾌적한 향은 심리적 안정과 활력을 주지만 악취는 스트레스와 피로를 유발하기도 한다. 이러한 이유로 다양한 탈취 기술이 개발되어 왔으며, 오늘날의 탈취제는 향으로 냄새를 가리는 수준을 넘어 악취의 근본 원인을 화학적으로 제거하거나 중화하는 과학적 원리를 바탕으로 작동한다.

　탈취제가 악취를 제거하는 방식은 여러 가지가 있으며, 그 중 대표적인 것은 중화 반응이다. 악취의 원인은 대부분 특정한 화학적 성질을 가진 분자에서 비롯되는데, 중화 반응은 이들 분자를 화학적으로 변형하여 냄새를 없애는 원리로 작동한다. 예를 들어 베이킹 소다(탄산수소나트륨)는 약한 염기성이기 때문에 산성 냄새를 유발하는 화합물과 반응하여 이를 중성화한다. 식초나 땀과 같이 산성을 띠는 냄새는 염기성 물질과 반응하면서 무취의 물질로 변환되므로 결과적으로 냄새가 사라진다. 반대로 암모니아와 같은 염기성 냄새는 구연산과 같은 산성 물질을 이용해 중화할 수 있다. 이렇게 화학적 반응을 활용한 탈취는 악취의 근본적인 원인을 제거하는 방식이기 때문에 효과적이다.

이와 달리 악취 분자의 화학적 구조를 변형시키는 산화 반응을 이용한 탈취 방법도 있다. 산화 반응을 통해 악취를 제거하는 방식은 화학적 결합을 끊거나 변형하여 냄새 분자가 더 이상 후각 수용체를 자극하지 못하도록 하는 것이다. 예를 들어 오존이나 과산화수소는 강한 산화력을 가지고 있어 악취 분자의 이중 결합을 산화시켜 냄새를 없앤다. 오존 발생기는 악취가 심한 공간에서 활용되며, 과산화수소는 박테리아나 곰팡이가 생성하는 냄새를 제거하는 데 효과적이다. 이러한 산화 반응을 기반으로 한 탈취 방식은 병원, 폐수 처리 시설, 공장 등 강한 냄새가 발생하는 환경에서도 많이 사용된다.

일부 탈취제는 악취 분자와 결합하여 새로운 화합물을 형성하는 화학 반응을 활용하기도 한다. 금속 이온이 포함된 탈취제가 그 예로, 구리나 아연과 같은 금속 이온은 황 또는 질소 기반의 악취 분자와 쉽게 결합하여 새로운 무취의 화합물을 형성한다. 대표적인 사례로 황화수소 냄새를 제거하는 데 사용되는 구리 이온이 있다. 황화수소는 썩은 달걀 냄새를 유발하는 물질인데, 구리 이온과 결합하면 황화구리라는 무취의 고체 물질로 변환되면서 냄새가 사라진다. 이러한 방식은 악취를 원천적으로 차단하는 데 효과적이며, 폐수 처리 시설과 같은 산업 환경에서 특히 많이 활용된다.

위 원리와 관련하여 냄새 나는 신발에 구리로 만든 동전을 넣으면 냄새가 줄어든다는 이야기가 널리 알려져 있다. 이는 구리 이온이 황화수소 같은 악취 분자와 반응해 무취의 황화구리를 형성하는 침전 반응과 이론적으로 관련이 있다. 그러나 실제로 동전에서 방출되는 구리 이온의 양은 극히 적기 때문에 탈취 효과는 미미한 수준에 그친다. 따라서 신발 냄새를 줄이기 위해서는 베이킹 소다, 활성탄, 햇볕 건조, 에탄올 스프레이 등과 같이 수분 제거와 세균 억제를 병행하는 과학적 방법이 훨씬 더 효과적이다.

중화 반응과 달리 악취를 물리적으로 포획하는 흡착 방식도 탈취제에서 중요한 역할을 한다. 흡착 방식의 대표적인 예는 활성탄이다. 활성탄은 미세한 다공성 구조를 가지고 있어 표면적이 매우 넓은데, 이는 공기 중에 떠다니는 악취 분자들을 효과적으로 흡착하는 데 유리하다. 냉장고 탈취제나 공기 청정기 필터에서 활성탄이 자주 사용되는 이유도 바로 이 때문이다. 활성탄뿐만 아니라 규산염 광물인 제올라이트 zeolite 도 구멍이 수없이 많이 뚫려 있는 다공성 물질로 악취 분자를 잡아두는 능력이 뛰어나며 산업 현장에서도 대규모 악취 제거 장치에 활용된다. 이러한 흡착 방식은 악취의 근본적인 화학 구조를 변화시키지는 않지만 악취를 물리적으로 제거하는 데 탁월한 효과를 발휘한다. 다만 활성탄이나 제올라이트의 흡착 용량이 포화되면 효율이 떨어지므로 교체하거나 재생해야 한다.

한편 악취를 완전히 제거하는 것이 아니라 강한 향을 통해 덮어버리는 방식도 존재한다. 이는 마스킹 masking 기법으로 방향제나 향수가 대표적인 예이다. 마스킹 방식은 악취를 화학적으로 변화시키지는 않지만 악취보다 강한 향을 제공하여 사람이 냄새를 덜 인식하도록 만든다. 예를 들어 레몬이나 라벤더와 같은 강한 향을 포함한 방향제는 불쾌한 냄새보다 더 강한 후각적 자극을 주어 악취를 느끼지 못하게 한다. 하지만 이는 일시적인 해결책일 뿐이며 근본적으로 악취를 제거하는 방법은 아니다.

이처럼 다양한 원리에 기반한 탈취제는 여러 분야에서 폭넓게 활용된다. 가정에서는 주방, 욕실, 냉장고, 쓰레기통과 같은 공간에서 악취를 제거하는 데 자주 사용되며, 특히 음식물 쓰레기에서 발생하는 부패 냄새를 줄이기 위해 베이킹 소다와 활성탄을 이용한 탈취제가 많이 활용된다. 또한 패브릭 탈취제는 의류, 카펫, 커튼 등의 섬유 제품에 남아 있는 냄새를 없애는 역할을 하며, 자동차 탈취제는 차량 내부의 반려동물 냄새나 음식 냄새를 제거하는 데 사용된다. 병원과 클리닉 같은 의료 환경에서는 살균 기능이 포함된 탈취제를 통해 감염을 예방하고 위생을 유지하는 것이 중요하며, 산업 현장에서는 폐수 처리 시설이나 공장과 같은 곳에서 대규모 탈취 시스템을 가동하여 강한 악취를 효과적으로 제어하고 있다.

탈취제는 단순한 생활 용품이 아니라 과학적 원리를 활용하여 악취를 제거하는 기능성 제품이다. 중화 반응, 흡착, 산화 반응, 마스킹 등 다양한 방식이 존재하며, 각기 다른 악취에 맞춰 적절한 탈취제를 선택하는 것이 중요하다. 이를 통해 우리는 더 쾌적한 환경을 조성할 수 있으며, 건강한 실내 공기질을 유지하는 데에도 기여할 수 있다. 악취를 과학적으로 이해하고 대응하는 것은 우리가 생활하는 공간을 더욱 위생적이고 쾌적하게 만드는 중요한 과정이라 할 수 있다.

액체를 미세한 입자로 바꾸는 분무기

악취를 제거하는 세정제를 표면에 고르게 분사하기 위해서 사용하는 도구로 분무기가 있다. 화장실 청소를 할 때 분무기의 손잡이를 당기면 미세한 물방울이 공중에 흩어지며 타일과 세면대를 고르게 적신다. 익숙한 장면이지만 그 안에는 물리학과 화학이 교차하는 작은 실험이 숨어 있다. 분무기는 압력 차이와 표면장력의 균형을 이용해 액체를 미세한 입자로 분산시키는 유체역학적 장치다. 덕분에 세정제가 표면 틈새까지 침투하고 락스나 세제의 화학 반응이 더 효과적으로 일어난다. 화장실 청소의 성패는 결국 이 미세한 분사와 반응의 과학에 달려 있다고 해도 과언이 아니다.

분무기는 액체를 미세한 입자로 바꾸어 넓은 영역에 균일하게 분사하는 도구로 청소뿐 아니라 농업, 미용 등 다양한 분야에서 널리 사용된다. 디자인은 단순해 보이지만 그 작동 과정에는 여러 물리학적 원리가 적용되어 있다. 이러한 원리를 이해하면 분무기의 효율성을 높이고 다양한 용도에 맞게 설계할 수 있다.

우선 분무기의 핵심적인 작동 원리는 베르누이 법칙에 기초한다. 이 법칙에 따르면 유체의 속도가 증가하면 압력이 감소하는데, 분무기에서는 이를 이용해 액체를 공기 중으로 분

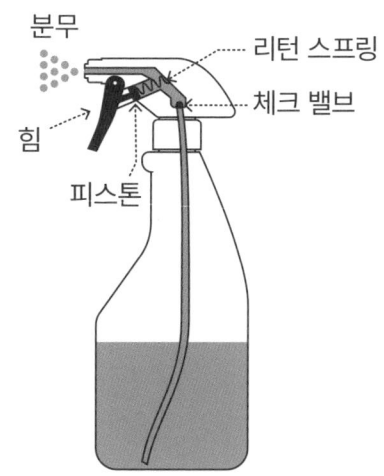

분무기의 피스톤 펌프로 에너지를 가하여 미립화된 액체를 분사한다.

산시킨다. 내부에서 공기가 빠르게 흐르면 압력이 낮아지고 이로 인해 액체가 저장된 용기에서 빨려 올라와 노즐을 통해 분사된다. 노즐은 액체를 미세한 입자로 분산시키기 위해 특별히 설계된 구조물로, 좁은 구멍을 통과할 때 액체의 속도가 증가하고 압력 변화가 일어나면서 작은 방울 형태로 쪼개진다. 노즐의 크기와 형태에 따라 분무되는 입자의 크기와 분포가 결정되며, 원형 분사, 평면 분사, 미세 분무 등 다양한 방식으로 액체를 뿌릴 수 있다.

분무기가 작동하려면 액체를 강한 힘으로 밀어내는 압력이 필요하다. 이를 위해 손으로 펌프를 조작하거나 압축된 공기 또는 전동 펌프를 사용하여 압력을 생성한다. 압력이 가해지면 액체는 저장 용기에서 빠르게 이동하여 노즐을 통해 분사되는데, 이 과정에서 공기와 액체가 혼합되며 작은 입자로 변환된다. 분무된 액체 방울이 공기 중으로 퍼질 때 표면장력이 작용하여 액체는 작은 구형 방울로 유지된다. 이는 액체가 기체와 맞닿을 때 분자의 결합력이 작용하여 표면적을 최소화하려는 성질 때문이다. 따라서 분무된 액체는 대부분 작은 물방울 형태를 띠게 되며, 이러한 특성 덕분에 넓은 영역에 균일하게 퍼질 수 있다.

공기 중으로 뿌려진 액체 방울은 몇 가지 중요한 물리적 힘의 영향을 받는다. 노즐을 빠져나올 때 작용하는 관성력이 액체 방울을 앞으로 나아가게 하지만 동시에 공기 저항에 의해 항력이 발생하며 점차 속도가 줄어든다. 이는 분무기로 물방울을 멀리 보낼 수 없는 이유이기도 하다.

분무기 내부에서는 유체의 흐름이 압력에 의해 가속되는데, 이 과정에서 난류가 형성된다. 난류는 유체가 불규칙하게 흐르는 현상으로 액체가 더 작은 입자로 쪼개지도록 돕는다. 이러한 물리적 힘들이 상호 작용하며, 분무기의 분사 거리, 분사 각도, 입자의 크기 등에 영향을 미친다.

분무기의 활용 범위는 매우 넓으며, 사용 목적에 따라 설계가 최적화된다. 농업용 분무기는 넓은 면적에 균일하게 농약이나 비료를 살포하기 위해 강한 압력과 큰 노즐을 갖추고 있다. 반면 미용 및 화장품용 미스트 분무기는 매우 미세한 입자를 만들어 피부에 고르게 퍼질 수 있도록 설계된다. 자동차 워셔액 분사기 역시 노즐의 각도와 분사 압력을 조절하여 유리 표면을 깨끗하게 닦아낼 수 있도록 고안되었다.

분무기의 효율성을 높이기 위해서는 압력 조절 기능이 중요한 역할을 한다. 압력이 높을수록 액체가 더 작은 입자로 쪼개지고 멀리 분사되며, 낮을수록 큰 방울 형태로 분사된다. 따라서 농약을 뿌릴 때는 미세한 입자가 필요하지만 페인트 분무기에서는 더 큰 입자가 필요한 등 용도에 따라 압력과 노즐 형태를 적절히 조절해야 한다.

분무기의 성능은 사용되는 액체의 특성에도 영향을 받는다. 점도가 높은 액체는 쉽게 분사되지 않으며, 노즐이 막힐 가능성이 크다. 따라서 점도가 높은 액체를 분사할 때는 더 큰 노즐을 사용하거나 압력을 높여야 원활한 사용이 가능하다. 반대로 점도가 낮은 액체는 쉽게 분무되지만 너무 빠르게 증발할 수 있으므로 적절한 분사 속도를 유지하는 것이 중요하다. 또한 분무되는 입자의 크기 역시 중요한 요소다. 살충제나 소독제와 같이 공기 중에 오래 머물러야 하는 액체는 미세한 입자가 필요하며, 페인트처럼 표면에 고르게 도포해야 하는 경우에는 더 큰 입자가 적절하다. 따라서 입자의 크기와 속도를 조절함으로써 최적의 분무 효과를 얻을 수 있다.

분무기는 겉보기보다 훨씬 정교한 원리로 작동한다. 그 내부에서는 유체역학, 공기역학, 그리고 표면장력 등 다양한 물리적 힘이 서로 맞물려 작용한다. 액체를 작은 입자로 변환하는 과정에서 압력, 유속, 노즐의 형태가 중요한 역할을 하며, 이러한 요소들의 조합을 통해 최적의 분사 성능이 구현된다.

오늘날 분무기는 청소, 농업, 화장품, 자동차 산업 등 다양한 분야에서 필수적인 역할을 하며, 그 설계와 기능은 지속적으로 발전하고 있다. 보다 효율적인 분사 기술을 개발하고 사용 목적에 맞는 최적의 노즐과 압력 조절 기술을 적용하는 것이 향후 분무기 기술 발전의 핵심이 될 것이다. 물리학적 원리를 이해하면 보다 효과적이고 과학적인 방식으로 분무기를 활용할 수 있으며, 이는 다양한 산업에서 품질과 효율성을 높이는 중요한 요소로 작용할 것이다.

빛나는 타일의 숨은 비결

타일은 일상 속에서 가장 널리 사용되는 건축 마감재 중 하나로 내구성, 방수성, 심미성을 모두 갖춘 소재다. 흙이나 돌, 유리, 금속 등을 고온에서 구워 만든 타일은 표면이 단단하고 물과 오염에 강해 화장실과 주방의 바닥, 벽면 등 다양한 공간에 활용된다. 또한 색상과 질감, 패턴의 다양성 덕분에 공간의 분위기를 바꾸는 디자인 요소로도 중요한 역할을 한다. 그러나 시간이 지나면서 먼지, 비누 찌꺼기, 물때, 곰팡이 등이 쌓이면 타일의 본래 기능과 미관이 저하되므로 주기적인 관리와 청소가 필요하다. 이때 타일 청소는 표면과 줄눈의 특성, 오염물의 성질을 고려한 과학적인 방법이 필요하다.

타일 표면은 일반적으로 유약이 발라져 있어 매끄럽지만 미세한 구멍과 요철이 남아 있어 오염물이 쉽게 침투할 수 있다. 특히 화장실, 주방에서는 물과 비누 잔여물 등이 타일 표면에 달라붙어 얼룩을 만들기 쉬운데, 이를 효과적으로 제거하기 위해서는 적절한 세정제를 선택하는 것이 중요하다.

타일 청소에서 가장 널리 사용되는 화학적 원리는 산과 염기 반응으로 악취 제거 원리와 유사하다. 예를 들어 화장실 타일에 생기는 물때는 물에 녹아 있던 칼슘, 마그네슘 같은 무기물이 증발하며 남은 것으로 이는 주로 알칼리성이다. 따라서 이를 제거하기 위해서는 산성 성분을 포함한 세정제(예: 식초나 구연산)를 사용하면 효과적이다. 산성 용액은 물때를 화학적으로 분해하여 쉽게 제거할 수 있도록 도와준다.

타일 줄눈은 타일 표면보다 상대적으로 거칠고 다공성이 높아 오염물이 쉽게 스며들고 곰팡이가 서식하기 좋은 환경을 제공한다. 특히 화장실처럼 습도가 높은 공간에서는 곰팡이가 번식하기 쉬우므로 이를 방지하고 제거하는 것이 중요하다. 곰팡이는 포자 형태로 번식하며 생장을 위해 습기와 유기물(비누 잔여물, 피부 각질 등)을 필요로 한다. 따라서 줄눈 청소에는 락스 같은 산화제 기반의 소독제를 사용하면 곰팡이 포자를 효과적으로 제거할 수 있다. 락스는 강한 산화 작용을 통해 유기물을 분해하고 살균 효과를 발휘하여 곰팡이 성장을 억제한다. 하지만 락스는 화학 물질이므로 충분환 환기가 필요하며, 특정 표면에 손상을 줄 수 있으므로 신중하게 사용해야 한다.

타일 청소에는 물리적인 방법도 중요한 역할을 한다. 세정제만으로 모든 오염물을 제거하기 어렵기 때문에 적절한 물리적 힘을 가해 타일 표면을 닦아야 한다. 이때 부드러운 스펀지나 솔을 사용하면 타일을 긁지 않으면서 효과적으로 청소할 수 있다. 또한 높은 압력의 물을 이용한 청소 방법도 유용한데, 고압 세척기는 강한 수압을 이용해 타일 표면과 줄눈에 박힌 오염물을 물리적으로 제거할 수 있어 넓은 공간에서의 타일 청소에 활용된다.

타일 청소 후 건조 과정도 중요한 부분이다. 물기가 남아 있으면 다시 물때나 곰팡이가 발생하기 쉬우므로 청소 후에는 마른 걸레로 물기를 제거하고 환기를 통해 빠르게 건조시키는 과정이 필요하다. 추가적으로 실리콘 코팅이나 방수제를 사용하면 타일과 줄눈의 표면을 보호하여 오염물이 쉽게 스며들지 않도록 할 수 있다.

결론적으로 타일 청소는 화학적 반응을 이용한 세정제 선택, 물리적인 마찰과 압력을 통한 오염 제거, 곰팡이 예방을 위한 건조와 보호 코팅까지 포함하는 과학적인 과정이다. 올바른 청소 방법을 적용하면 타일의 수명을 연장할 수 있을 뿐더러 위생적인 환경을 유지하는 데도 큰 도움이 된다.

섬세한 거울 관리

　화장실 청소에서 빼놓을 수 없는 영역이 바로 거울이다. 거울은 단순히 자신의 모습을 비추는 도구가 아니라 공간의 밝기와 분위기를 결정짓는 중요한 요소이기도 하다. 물때나 비누 자국이 남은 거울은 아무리 주변이 깨끗해도 전체 공간을 탁하게 보이게 만들며, 사용자의 기분까지 흐릴 수 있다. 반대로 거울이 깨끗하면 빛이 고르게 반사되어 공간이 훨씬 넓고 밝아 보이고, 보는 이의 외모와 자신감까지 한층 더 빛나게 만든다. 그래서 거울 청소는 공간과 사람 모두를 맑게 비추는 세심한 마무리라 할 수 있다.

　거울과 유리창은 모두 투명한 표면을 가지고 있어 청소 방식이 비슷하다고 생각하기 쉽다. 하지만 거울은 유리 뒷면에 얇은 금속 코팅을 추가하여 빛을 반사하도록 만든 제품이다. 이러한 구조적 차이로 인해 거울은 유리창과는 조금 다른 청소 원리를 따르며, 적절한 세정제와 방법을 사용해야 반사 기능을 유지하면서 깨끗한 표면을 유지할 수 있다.

　거울의 핵심적인 특징은 반사 코팅이 매우 얇고 민감하다는 점이다. 대부분의 거울은 유리 표면 아래에 은이나 알루미늄 박막을 증착하여 만들어지는데, 이 코팅이 빛을 반사하여 선명한 이미지를 보여주는 역할을 한다. 하지만 이 코팅은 쉽게 손상될 수 있기 때문에 청소 과정에서 너무 강한 화학 물질을 사용하거나 거친 도구로 문지르면 반사 성능이 저하될 수 있다. 특히 거울의 뒷면에 위치한 반사 코팅이 물이나 습기에 장시간 노출되면 산화되거나 변색될 위험이 있어 더욱 신중한 관리가 필요하다.

거울을 청소할 때는 반사 코팅을 보호하면서도 효과적으로 오염물을 제거할 수 있는 방법을 선택해야 한다. 일반적으로 거울에 생기는 오염물은 손자국, 먼지, 물방울 자국 등으로 유리창의 오염물보다 상대적으로 간단한 편이다. 따라서 강한 세정제보다는 알코올 기반의 세정제나 순한 비누 용액을 사용하는 것이 적절하다. 알코올은 기름 성분을 효과적으로 제거할 수 있으며, 휘발성이 높아 닦은 후에도 잔여물이 남지 않는다. 반면 암모니아가 포함된 강한 화학 세정제는 반사 코팅을 손상시킬 수 있어 피하는 것이 좋다.

청소 도구의 선택도 중요하다. 거울 표면은 작은 흠집에도 반사율이 변하거나 얼룩이 더 도드라져 보일 수 있기 때문에 부드러운 극세 섬유를 사용하는 것이 가장 적절하다. 종이 타올이나 거친 천은 표면에 미세한 흠집을 남길 수 있으며, 시간이 지나면 거울이 흐려 보이게 만들 수 있다. 또한 청소할 때는 원을 그리며 부드럽게 문지르는 것이 세정제를 균일하게 퍼뜨리는 데 효과적이다. 이렇게 하면 얼룩이 남는 것을 최소화하면서 전체적으로 깨끗한 반사면을 유지할 수 있다.

거울과 달리 유리창은 반사막이 없는 유리 표면이어서 강한 세정제나 거친 도구로 닦아도 손상 위험이 적다. 또한 유리창에는 먼지뿐 아니라 기름때와 물때 등 다양한 오염물이 쌓이므로 이를 효과적으로 제거하기 위해서는 강력한 세정제가 필요하다. 또한 넓은 면적을 빠르고 효과적으로 닦기 위해 고무 스퀴지 squeegee와 같은 도구를 사용하는 것이 일반적이다. 스퀴지는 유리 표면의 세정액을 균일하게 펴고 물기를 빠르게 제거할 수 있어 유리창을 닦을 때 남기 쉬운 줄무늬를 방지하는 데 도움을 준다. 하지만 거울 표면에서는 스퀴지가 효과적이지 않으며, 오히려 반사면에 얼룩을 남길 가능성이 크다.

거울과 유리창의 또 다른 차이점은 습기와의 관계다. 욕실이나 세면대 근처에 있는 거울은 자주 습기에 노출되며, 증기가 응결되어 물방울이 남는 경우가 많다. 이런 물방울이 건조되면서 미네랄 성분이 남아 얼룩을 형성할 수 있다. 이러한 얼룩을 방지하려면 발수 코팅제를 거울 표면에 도포하는 것도 하나의 방법이다. 발수 코팅제는 물방울이 표면에 퍼지지 않고 작은 구슬 형태로 맺혀 쉽게 닦이도록 도와주며, 이는 자동차의 유리창이나 샤워부스의 유리에 적용되는 원리와 유사하다.

청소 이전에 거울을 깨끗하게 유지하기 위한 몇 가지 팁이 있다. 평소 거울 표면을 자주 닦아주면 먼지와 손자국이 쌓이는 것을 방지할 수 있으며, 습기가 많은 공간에서는 통풍을 원활하게 하여 반사 코팅이 산화되는 것을 예방할 수 있다. 또한 물이 튀는 욕실 거울의 경우, 사용 후 마른 천으로 가볍게 닦아주는 것이 오염물의 축적을 막는 좋은 습관이 될 수 있다.

결론적으로 거울 청소는 표면의 반사 코팅을 보호하면서도 효과적으로 오염물을 제거하는 것이 핵심이다. 유리창과 비교했을 때, 거울은 보다 민감한 구조를 가지고 있어 부드러운 세정제와 도구를 사용하는 것이 필수적이다. 또한 얼룩을 최소화하기 위해 닦는 방식에도 신경 써야 하며, 습기로 인한 변색을 방지하는 추가적인 관리가 필요하다. 이러한 과학적 원리를 이해하고 적절한 청소 방법을 적용하면, 거울의 반짝이는 반사면을 오래도록 유지할 수 있다.

화장지의 과학

화장지는 생활용품의 범주를 넘어 위생과 청결을 유지하는 데 있어 가장 기본적인 도구다. 우리는 평소 화장지를 세면대나 탁자, 바닥의 오염물을 제거하는 등 다양한 용도로 사용한다. 특히 인체의 민감한 부위를 직접 접촉해 세정하는 기능을 담당하기 때문에 재질의 부드러움과 흡수력, 안전성은 매우 중요하다. 눈에 잘 띄지 않는 작은 종이 한 장이지만 그 역할은 우리의 건강과 일상 위생을 지탱하는 가장 실질적이고 필수적인 존재인 셈이다.

물티슈나 비데가 널리 보급된 오늘날에도 화장지는 여전히 전 세계적으로 가장 보편적인 위생용품 중 하나다. 그만큼 오랜 역사와 문화적, 기술적 진화를 거쳐온 물건이기도 하다. 화장지의 기원은 고대 중국으로 거슬러 올라간다. 7~9세기 당나라 황실에서 몸을 닦기 위해 특별히 제작된 종이가 있었다는 기록도 있다.

서양에서는 비교적 최근에야 종이를 위생 용도로 사용하기 시작했다. 현대적인 의미의 화장지는 1857년 미국 뉴욕의 조셉 게이티 Joseph Gayetty가 처음으로 상업화한 제품에서 시작된다. 그는 알로에가 함유된 종이를 'Gayetty's Medicated Paper'라는 이름으로 판매했으며, 이는 낱장 형태의 포장지였다. 당시

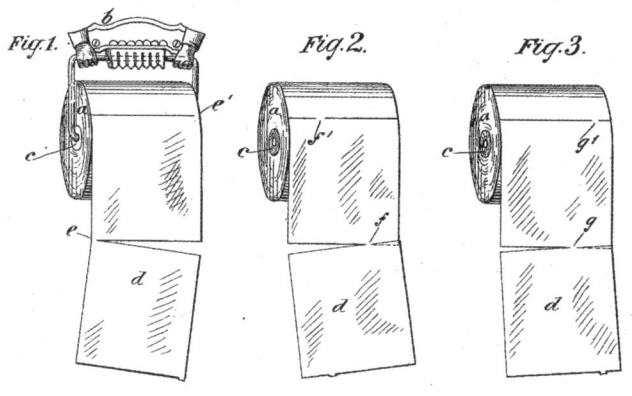

1891년에 손으로 뜯을 수 있는 롤 화장지가 특허 등록되었다.

만 해도 위생 개념이 지금만큼 정착되지 않았기 때문에 이 제품은 일부 계층에서만 사용되었다.

   화장지의 대중화와 본격적인 발전은 롤 형태가 도입되면서 시작되었다. 이 혁신의 중심에는 미국 뉴욕의 발명가 세스 휠러 Seth Wheeler가 있었다. 그는 1871년 점선을 넣어 손으로 쉽게 뜯을 수 있는 포장지 perforated paper에 대한 특허를 출원했으며, 이후 1891년에는 롤 형태의 화장지와 디스펜서에 관한 특허(미국 특허 459,516호)를 등록했다. 이 특허 도면에는 종이의 끝이 앞쪽, 즉 Over 방향으로 넘겨진 모습이 뚜렷하게 묘사되어 있다. 이 도면은 훗날 '화장지 방향 논쟁(Over vs. Under)'에서 하나의 상징적인 자료가 되었다.

세스 휠러는 'Albany Perforated Wrapping Paper Company'라는 회사를 세워 화장지 산업의 기반을 다졌고, 그의 발명은 이후 수많은 생활용품의 기본 형태로 자리 잡았다. 이후 20세기 들어서며 화장지는 부드러움, 흡수력, 향기 등의 측면에서 기능이 점차 다양화되었고 2겹, 3겹 제품이 등장하면서 시장 경쟁도 치열해졌다. 특히 1928년 미국 위스콘신 주 그린베이의 호버그 페이퍼 컴퍼니 Hoberg Paper Company가 부드러운 화장지 'Charmin'을 출시하면서 화장지의 고급화 시대가 본격화되었다.

이제 화장지는 우리의 일상에서 필수적인 위생 제품이자 정교한 과학적 원리로 설계된 제품이다. 화장지의 기본 재료는 셀룰로스 섬유 cellulose fiber 로 이는 식물에서 유래한 천연 고분자로 이루어져 있다. 셀룰로스는 가볍고 유연하면서도 내구성이 강하며, 물을 잘 흡수하는 특징을 가지고 있다. 이러한 섬유들이 엉켜서 만들어지는 종이는 자연스럽게 수많은 미세한 구멍을 형성하는데, 이를 다공성 구조 porous structure 라고 한다. 이 다공성 구조 덕분에 화장지는 액체를 빠르게 흡수할 수 있으며, 이 과정에서 모세관 현상이 중요한 역할을 한다.

모세관 현상은 좁은 공간을 따라 액체가 위로 이동하는 물리적 현상이다. 화장지의 섬유 사이에는 매우 미세한 틈이 존재하며, 액체가 이러한 좁은 공간으로 스며들면서 스스로 위쪽으로 이동하게 된다. 이러한 원리는 우리가 물을 흘렸을 때 화장지가 액체를 즉시 흡수하는 이유를 설명해 준다. 또한 다공성 구조의 크기에 따라 흡수력과 속도가 결정되는데, 작은 구멍이 많을수록 액체가 빠르게 퍼지고 더 넓은 면적으로 확산된다. 이처럼 화장지가 액체를 흡수하고 분산시키는 능력은 다공성 구조에 따른 유체역학적 현상에 기반하며, 이는 다양한 청소 상황에서 효과적으로 활용될 수 있다.

청소할 때 화장지가 효과적인 이유는 이러한 흡수력뿐만 아니라 섬유 배열과 강도 덕분이기도 하다. 화장지는 부드러우면서도 적절한 강도를 유지해야 하므로 섬유가 균일하게 배열되도록 설계된다. 일반적으로 1겹짜리 화장지보다 2겹, 3겹짜리 화장지가 더 높은 흡수력을 보이는 이유는 층이 많을수록 섬유 사이의 공기층이 증가하고 이는 추가적인 흡수 공간을 제공하기 때문이다. 반면 1겹 화장지는 공공 화장실 등 비용을 절감해야 하는 곳에서 많이 사용되며, 물에 쉽게 분해되므로 배관 막힘이 적은 장점이 있다.

화장지를 청소 도구로 사용할 때 또 하나의 중요한 요소는 압력과 섬유의 결합력이다. 표면에 묻은 먼지나 오염물을 제거하려면 일정한 압력을 가해야 하는데, 화장지는 부드러우면서도 적당한 마찰력을 제공하여 효과적인 세정이 가능하도록 제작된다. 하지만 물에 젖었을 때는 강도가 급격히 낮아지는데, 이는 섬유 사이의 결합력이 약해지면서 종이가 쉽게 찢어지기 때문이다. 반면 키친타월 같은 일부 특수 종이는 습기가 있어도 구조가 유지될 수 있도록 강화된 섬유 결합 기술이 적용된다.

또한 화장지에는 항균 기능이 추가된 제품도 있다. 항균 화장지는 일반 화장지와 달리 미생물의 성장을 억제하는 성분이 포함되어 있으며, 이는 위생적인 환경을 유지하는 데 도움을 준다. 특히 욕실이나 공공장소에서 사용하는 제품들은 세균 번식을 줄이기 위해 항균 처리가 된 경우가 많다.

이처럼 단순해 보이지만 단순하지 않은 화장지의 제조 과정에서도 과학적 원리가 적용된다. 원료가 되는 셀룰로스 섬유는 펄프화 과정을 거쳐 부드러운 상태로 만들어지고 이후 일정한 밀도로 압축하여 종이 형태로 성형된다. 종이의 밀도가 너무 높으면 부드러움이 감소하고 너무 낮으면 쉽게 찢어질 수 있기 때문에 적절한 균형이 중요하다. 마지막으로 롤 형태로 절단되고 포장되는 과정까지 이어지며, 이 모든 단계에서 화장지의 강도, 흡수력, 부드러움을 조절하는 기술이 핵심이다.

환경적인 측면에서 화장지는 재활용이 어렵다는 단점이 있다. 사용 후 젖거나 오염된 종이는 재사용이 불가능하며, 분해되는 데도 시간이 걸린다. 이러한 문제를 해결하기 위해 최근에는 생분해성 화장지가 개발되고 있으며, 이는 자연적으로 빠르게 분해될 수 있도록 특별한 처리 과정을 거친다. 또한 기존의 화학 표백제를 사용하지 않고 무염소 표백 chlorine-free bleaching 을 적용한 친환경 제품도 증가하고 있다.

결론적으로 화장지는 다공성 구조, 모세관 현상, 섬유 결합력, 항균 기술 등 다양한 과학적 원리를 기반으로 설계된 제품이다. 이러한 기술 덕분에 우리는 일상 속에서 편리하게 화장지를 사용할 수 있으며, 청소에서도 효과적으로 활용할 수 있다. 또한 환경적 영향을 고려한 지속 가능한 제품이 개발되면서 화장지는 점점 더 발전해 나가고 있다. 화장지의 과학을 이해하면 우리가 무심코 사용하는 이 제품이 얼마나 정교한 기술과 원리를 담고 있는지 알 수 있다.

한편 1891년 휠러가 등록한 특허 도면은 기술 문서에 그치지 않고 오늘날까지 사람들 사이에서 끊임없는 논쟁의 근거로 활용된다. 바로 '화장지를 걸 때 앞쪽으로 종이가 나오는 것이 맞는가(Over), 아니면 벽 쪽으로 나오는 것이 맞는가(Under)' 하는 문제로 화장지 방향 논쟁 toilet paper debate 이라 한다. Over 방식은 종이 끝이 보이기 때문에 잡기 쉽고 위생적이라는 장점이 있으며, 대다수 호텔이나 식당, 공공시설에서도 이 방식을 채택한다. 반면 Under 방식은 아이나 반려동물이 종이

화장지는 어떤 방향으로 거는 게 맞을까?

를 풀어헤치는 것을 방지할 수 있고 미관상 더 깔끔하다는 이유로 선호되기도 한다. 실제 조사에 따르면 미국 내에서는 약 60~70%가 Over를 선호하는 것으로 나타났다.

최근 영국 레스터대학교의 임상 미생물학 교수 프림로즈 프리스톤 Primrose Freestone 은 데일리메일을 통해 반대 의견으로 "화장지는 끝 부분이 안쪽, 즉 벽면을 향하도록 걸어야 더 위생적이다"는 주장을 제기했다. 그에 따르면 화장지를 바깥쪽(Over)으로 걸 경우, 종이를 잡아당길 때 보통 양손을 사용하게 되는데, 이 과정에서 손에 남아 있던 박테리아가 휴지 표면에 옮겨 붙을 위험이 크다. 반면 화장지를 안쪽(Under)으로 걸면, 벽면을 지지대 삼아 한 손으로 쉽게 휴지를 당겨 사용할 수 있어 손 접촉을 최소화할 수 있으며, 이는 결과적으로 생식기 등 민감 부위에 세균이 옮겨갈 가능성을 낮춰준다는 것이다.

프리스톤 교수는 또 "욕실 환경에서 문 손잡이, 변기 시트 등은 유해한 박테리아가 서식하기 쉬운 장소"라며, "휴지를 한 손만 사용해 다루는 것만으로도 감염 위험을 절반 가까이 줄일 수 있다"고 강조했다. 이러한 주장은 오랜 논란거리였던 화장지 방향 논쟁에 위생학적 근거를 더하면서 새로운 시각을 제공하고 있다.

화장지의 방향에 절대적인 정답은 없다. 역사적으로는 Over 방식이 특허 도면에 명시되어 있었지만 현대인의 생활 환경과 사용 목적, 공간 구조에 따라 적절한 방향은 달라질 수 있다. 오랜 시간 사람들의 일상에 스며든 이 작지만 중요한 발명은 인간의 생활 문화와 사고방식을 들여다보게 하는 하나의 창이 되었다.

티슈 vs. 두루마리

일상에서 자주 사용하는 티슈와 두루마리 화장지는 겉보기에는 비슷한 제품처럼 보이지만 용도와 기능, 물리적 특성에서 뚜렷한 차이가 있다. 두 제품 모두 셀룰로스 섬유를 기반으로 만들어지지만 각각의 사용 목적에 따라 구조와 질감, 두께 등이 다르게 설계된다. 이에 따라 제조 공정과 환경적 영향 또한 서로 다른 양상을 보인다. 이러한 차이를 이해하면 상황에 맞는 제품을 선택하고, 보다 위생적이고 효율적으로 사용할 수 있다.

티슈는 주로 얼굴을 닦거나 코를 푸는 등 개인 위생을 위한 용도로 사용된다. 피부에 직접 닿는 제품이기 때문에 부드러움이 가장 중요한 요소이며, 이를 위해 고급 셀룰로스 섬유를 미세하게 가공해 매끄럽고 자극이 없도록 제작한다. 일반적으로 2겹에서 4겹 정도로 구성되어 있으며, 얇고 부드러운 섬유층이 겹겹이 쌓인 구조를 가진다. 또한 적당한 흡수력을 가지면서도 강한 힘을 받으면 쉽게 찢어지도록 설계되어 있다.

반면 두루마리 화장지는 주로 화장실에서 배변 후 청결을 유지하기 위한 목적으로 사용된다. 이 제품은 티슈보다 더 강한 내구성과 적절한 흡수력을 필요로 하지만 동시에 물에 닿으면 쉽게 분해되어 하수관을 막지 않도록 만들어진다. 보통

1겹에서 3겹 구조로 제조되며, 섬유 간 결합력을 조절해 내구성과 용해성의 균형을 맞춘다.

제조 과정에서도 두 제품의 차이가 뚜렷하다. 티슈는 부드러운 촉감을 위해 섬유를 섬세하게 분쇄하고 표면을 매끄럽게 다듬으며, 경우에 따라 향료나 보습 성분을 첨가한다. 반면 두루마리 화장지는 흡수성과 내구성을 동시에 확보하기 위해 펄프를 일정 밀도로 압축 가공하고 물속에서 자연스럽게 풀어질 수 있도록 결합력을 조절한다.

환경적인 측면에서도 두 제품은 다른 영향을 미친다. 티슈는 재활용이 어려운 경우가 많으며, 일부 제품은 생분해성이 낮아 환경 부담이 클 수 있다. 이에 반해 두루마리 화장지는 대부분 생분해성 재료로 만들어지며, 자연적으로 분해될 수 있도록 설계된다. 최근에는 친환경적인 제품이 개발되면서 재생 가능한 원료를 사용한 두루마리 화장지나 화학 표백제를 사용하지 않은 티슈 제품이 등장하고 있다.

결과적으로 티슈는 부드러움과 피부 자극 최소화에 초점을 둔 제품이고 두루마리 화장지는 내구성과 물속 분해성의 균형을 고려한 제품이다. 이러한 특성을 이해하면 용도에 맞는 제품을 선택하고 위생적이면서도 환경에 부담을 덜 주는 사용이 가능하다.

고마운 변기의 물리학

매일 우리 몸에서 나오는 오물을 처리해주는 고마운 존재지만 정작 더러운 취급을 받는 불쌍한 기구가 집집마다 있다. 하루에 여러 번씩 꼭 만나지만 정작 이 기구를 청소하는 것은 사람들이 가장 꺼리는 작업이며, 접근성과 난도 역시 최상급이다. 자유로이 흐르는 소변이 여기저기 튀어 주변을 어지럽히고 고약한 냄새는 바람을 타고 흩어지기 때문이다. 하지만 미국 보건복지부 장관 실비아 버웰 Sylvia Burwell이 "과거 200년 간 변기로 시작된 위생 혁명보다 더 많은 생명을 구하고 보건을 발전시킨 혁신은 없었다"고 말했듯이 변기와 하수도의 발전이 인류를 각종 전염병으로부터 구원한 점을 감안하면 이 공간은 사실 변소가 아니라 성소(聖所)다.

현대식 변기는 16세기 말에 처음 발명되었다. 1596년 영국의 법률가 존 해링턴 경 Sir John Harington이 엘리자베스 여왕의 궁에 처음 수세식 변기를 설치하였는데, 냄새가 역류하는 심각한 문제가 있었다. 한참이 지난 1775년 영국의 수학자 알렉산더 커밍 Alexander Cumming이 배설물이 흘러가는 관을 U자 모양으로 구부러지게 한 후 중간에 물을 고이게 하여 냄새가 나지 않는 변기를 발명하였다. '가둔다'는 의미의 트랩 trap 장치가 사용된 것이다. 이후에도 변기에는 계속하여 신기술이 적용되었다. 1778년 영국의 발명가 조셉 브라마 Joseph Bramah 는 요즘도 사용하는 밸브로 간편하게 물을 내리는 변기를 제안하여 큰 인기를 끌었다.

한편 변기에 물이 저절로 차고 비워지는 원리는 사이펀 현상을 이용한 것이다. 사이펀은 높은 곳에 위치한 액체를 낮은 곳으로 옮기기 위한 구부러진 관을 말한다. 높은 위치의 액체 표면에 작용하는 대기압은 사이펀 내의 압력보다 높기 때문에 초기에 관의 반대편 끝을 한 번만 흡입하면 액체가 계속 아래쪽으로 이동한다.

현대에도 변기는 여전히 공학자들이 많은 관심을 기울이는 주제이며, 특히 소변이 튀지 않는 이상적인 변기는 발명가들의 끝없는 도전 과제다. 2013년 미국 유타주립대학교 기계공학과 태드 트러스콧 Tadd Truscott 교수는 미국물리학회 유체역학분과 학술대회에서 「소변의 역학 Urinal dynamics 」이라는 제목의 연구 결과를 발표하였다. 소변의 튐 문제는 액체 방울과 고체 표면의 충돌에 관한 연구 중 가장 실용적인 동시에 남성이라면 누구나 하루에 몇 번씩 경험하는 중요한 실험 주제다.[23]

캐나다 워털루대학교 기계공학과 자오 판 Zhao Pan 교수 연구진은 소변이 튀지 않도록 하는 아이디어를 강아지와 앵무조개 nautilus 의 껍데기로부터 얻었다. 연구진이 수컷 강아지가 소변을 누는 모습을 관찰한 결과 강아지는 항상 다리를 들어 소

앵무조개 껍데기에서 아이디어를 얻은 소변기(우측에서 두 번째)는 내부의 모든 공간에서 30° 이내의 입사각을 가진다.

변 줄기가 나무 또는 전봇대와 30° 각도를 이루게 하였다. 강아지는 본능적으로 또는 경험적으로 소변 줄기의 최적 각도를 아는 것인지 다리에 소변 방울이 튀지 않았다. 여기서 아이디어를 얻은 연구진은 소변 줄기가 항상 30° 각도로 부딪히도록 설계하였다. 앵무조개 껍데기에서 영감을 얻어 소변기 내부에 나선형 굴곡을 만든 것이다. 연구진이 제안한 새로운 디자인은 화장실을 더 깨끗하게 유지하고 주기적인 청소에 필요한 노동, 물 및 세제를 줄여 궁극적으로 친환경적인 공간이 되도록 돕는다.[24]

이토록 수많은 고민과 노력 끝에 소변이 튀는 현상을 최소화하였지만 아직 남아 있는 문제가 있다. 소변기 사용 후에 나오는 물이 바이러스를 퍼트릴 수 있기 때문이다. 중국 양저우 대학교 류샹둥(劉向東) 교수 연구진은 소변기를 사용하고 물을 내리면 바이러스가 들어 있는 미립자 aerosol 구름이 생성될 수 있다고 밝혔다. 컴퓨터 시뮬레이션 결과 소변기 물을 내리면 기체와 액체의 상호 작용에 의해 다량의 미립자가 발생한다. 이 중 57%가 소변기 밖으로 나가는 것으로 나타났다. 특히 소변기에서 발생한 미립자는 5.5초 만에 앞에 성인 허벅지 높이인 0.83m까지 도달한다고 밝혔다.[25]

화장실의 오염은 위치 에너지가 운동 에너지로 바뀌는 소변기만의 문제가 아니다. 대변기 역시 '앉아 쏴'로 해결되지 않으며, 내부 유로의 설계가 매우 중요하다. 대변기에서는 물을 흡입할 때 발생하는 플러시 에너지 flush energy가 상당히 크기 때문에 그 에너지가 완전히 흡입 작용에만 사용되지 못하고 남은 일부가 물방울을 튀게 만든다. 따라서 뚜껑을 열고 물을 내릴 경우 오염된 미세 물방울이 공중으로 다량 튀어 올라 화장실 전체에 확산될 수 있어 주의가 필요하다.[26]

한편 미래의 변기는 친환경과 건강 진단에 초점이 맞춰지고 있다. 저개발 국가에는 물과 하수 처리 시설이 부족해 화장실이 제대로 갖춰져 있지 않아 전 세계 9억 명 이상의 사람들이 야외에서 대소변을 해결하고 있다. 이로 인해 발생하는 수질 오염으로 매년 5세 이하의 어린이 36만 명 이상이 설사병

등으로 사망한다.

 이 문제를 해결하기 위해 2022년 삼성전자는 빌&멀린다 게이츠 재단의 요청으로 하수 처리 시설이 필요 없는 혁신적인 변기를 개발했다. 이 변기는 세 가지 모듈로 이루어져 있는데, 소량의 물로 대변과 소변을 분리하는 변기 모듈, 분리된 대소변을 빠르게 정화하는 바이오 정화 처리 모듈, 분해되지 않은 찌꺼기를 건조하고 연소하는 고체 처리 모듈이다. 삼성전자는 3년에 걸친 연구 끝에 구동 에너지 효율을 높이고 배출수의 정화 능력을 확보하여 배기 가스 발생량을 크게 줄였다. 또한 제품의 소형화와 내구성 향상에 성공했으며, 환경에 무해한 유출수를 배출하고 처리수를 100% 재활용할 수 있는 기술을 구현하였다.

 최근의 변기는 건강 진단 장비로의 도약을 준비 중에 있다. 스마트 변기는 바이오 센서로 소변의 산도, 당, 단백질 등을 분석하여 건강 상태를 알려준다. 비침습 noninvasive 방식이면서도 가장 많은 건강 지표를 얻을 수 있는 게 소변과 대변이기 때문이다. 화장실이 배설 공간에서 개인 맞춤형 건강 관리의 거점으로 진화하고 있는 셈이다. 아직도 많은 사람들이 불쾌하게 여기는 변기의 위상은 앞으로는 한층 높아질 것이다.

Tip !

① 락스는 염소 가스 발생으로 인해 호흡기를 자극하므로 절대 산성 세제와 혼합하지 않습니다.

② 락스는 1:5~1:10 비율로 희석하여 사용함으로써 살균력은 유지하고 표면 손상을 방지합니다.

③ 변기 아래의 U자형 트랩은 물막이 역할을 하며, 악취 역류를 막기 위해 자주 물을 흘려 보냅니다.

④ 냄새가 역류할 경우 트랩의 수막이 증발하지 않았는지 점검합니다.

⑤ 변기 물을 내릴 때는 뚜껑을 닫아 수압으로 인한 오염수의 비산을 방지합니다.

⑥ 변기에는 수용성 화장지만 버려 막힘을 예방합니다.

집안 청소가 개인의 삶을 정돈하고 쾌적한 일상을 가능하게 한다면 집 밖의 청소는 우리가 함께 살아가는 세상의 질서를 바로 세우는 일이다. 창문을 열어 환기를 하듯 우리의 시선도 거실과 침실, 화장실을 넘어 도심의 거리, 하천의 물결, 산자락과 바다로 흘러간다. 이는 단순히 공간의 크기가 커진다는 의미가 아니라 인간의 책임이 개인에서 공동체 그리고 지구 전체, 더 나아가 우주의 경계까지 확장되는 과정을 의미한다.

도심의 먼지부터 산 속의 쓰레기, 해양의 플라스틱, 핵폐기물, 그리고 인류의 손길이 닿은 최후의 경계인 우주에 떠도는 파편까지, 청소는 이제 인류가 존재하는 모든 공간의 과제가 되었다. 과거의 청소가 생존과 위생의 문제였다면 오늘날의 청소는 지속 가능성과 생태 균형의 문제로 이어지고 있다. 이 장에서는 도심의 거리 청소에서부터 산과 바다의 환경 정화 그리고 인간이 남긴 마지막 흔적이라 할 수 있는 우주 쓰레기까지 다룬다. 우리가 살아가는 세계를 깨끗하게 유지하기 위해 어떤 과학적 시도들이 이어지고 있는지 그 여정을 함께 따라가 본다.

집 밖으로 나온
청소의 과학
—
지구를 위한 정돈

도시 청소

A Field Guide to Cleaning

보이지 않는 살인자

일반적으로 먼지는 일상 생활에 도움과 피해를 모두 주는 양면적인 모습을 가지고 있지만 최근 심각한 환경 문제로 대두되는 미세 먼지와 초미세 먼지는 인체에 매우 해롭다. 미세 먼지의 기준은 지름 10㎛ 이하(PM-10), 초미세 먼지의 기준은 2.5㎛이하(PM-2.5)다. PM-10은 Particulate Matter Less than 10㎛를, PM-2.5는 Particulate Matter Less than 2.5㎛를 의미한다. 초미세 먼지는 굵기가 약 50~100㎛인 머리카락보다 훨씬 작아 '보이지 않는 살인자'라 불린다.

코털과 기관지 점막을 통해 대부분 걸러지는 일반 먼지와 달리 미세 먼지는 우리 몸 안에 흡수되어 밖으로 배출되지 않고 축적된다. 이는 심혈관, 피부, 안구 질환을 발생시키거나 증상을 악화시킨다. 특히 초미세 먼지는 기관지를 비롯한 체내 깊숙한 곳까지 침투하기 쉬워 뇌와 폐 관련 질환을 유발한다. 또한 초미세 먼지는 미세 먼지와 같은 질량이더라도 단위 질량당 표면적이 넓기 때문에 인체에 유해한 중금속, 환경 호르몬 등이 체내에 더 많이 흡수된다.[27]

미세 먼지는 어떻게 측정할까?

눈에 보이지도 않는 미세 먼지의 농도는 과연 어떻게 측정할까? 미세 먼지의 농도를 측정하는 과정은 크게 두 단계로 나뉜다. 우선 대기 중 일정량의 공기 샘플을 흡입한 후 측정하고자 하는 크기의 미세 먼지를 분리한다. 질량을 가진 모든 물질은 관성력과 원심력을 받는데, 질량에 따라 받는 힘의 크기가 다르다. 따라서 그 힘의 차이를 이용하여 질량의 크기에 따라 먼지를 분리할 수 있다.

예를 들어 먼지를 포함한 공기를 일정한 속도로 흘려보내고 이동 경로에 적당한 크기의 충돌판을 두면 관성력으로 인해 큰 먼지는 판에 부착되고, 작은 먼지는 공기 흐름을 따라 판을 피해 흘러간다. 이때 공기 유속을 빠르게 조절하면 작은 먼지도 충돌판에 달라붙는다. 마찬가지로 공기를 회전 운동시키면 원심력으로 인해 큰 먼지는 바깥쪽으로, 작은 먼지는 공기의 흐름을 따라 안쪽으로 이동하여 분리할 수 있다. 이 방식은 정밀하지 않지만 손쉽게 활용할 수 있다는 장점이 있다.

다음 단계로 크기별로 분리한 먼지의 농도는 중량법, 광산란법, 베타선 흡수법 등 다양한 방식으로 측정할 수 있다. 중량법은 여과지로 먼지를 채취하여 그 무게를 정밀하게 측정하는 방식이다. 미세 먼지 농도의 단위는 일정 공간 안의 미세

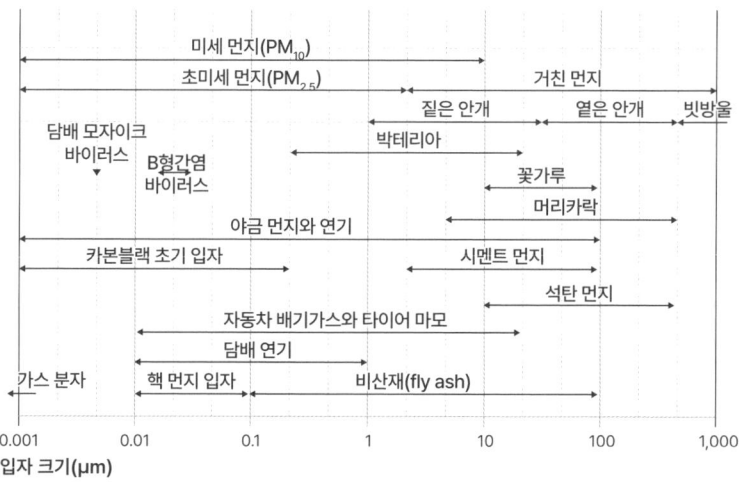

다양한 먼지의 종류와 크기에 따른 분류

먼지의 질량이므로 $\mu g/m^3$와 같이 표기된다. 이 방식은 정확도가 높지만 장비의 부피가 크고 수동으로 측정해야 하는 등의 불편한 점이 있다. 광산란법은 먼지에 빛을 조사하면 산란하는 원리를 이용하여 산란광의 양을 측정하고 그 값으로부터 먼지 농도를 구하는 방식이다. 장비가 작아 휴대성이 높고 실험이 용이하지만 정확도가 다소 떨어진다는 단점이 있다.

마지막으로 가장 많이 활용되는 방식은 베타선 흡수법 **Beta-ray absorption**이다. 여과지로 먼지를 채취한 후 방사선의 일종인 베타선을 투과시켜 얼마나 흡수되는지를 측정하는 방식이다. 이는 베타선이 어떤 물질을 통과할 때, 물질의 질량이 클수록 많이 흡수되는 원리를 이용한다. 참고로 베타선을 사용하는 이유는 가시광선이나 자외선은 여과지를 통과하지 못하고, 감마선이나 엑스선은 너무 강하고 위험하기 때문이다.

미세 먼지의 농도는 여과지에 흡착된 입자가 베타선을 얼마나 흡수하느냐를 측정하여 구하며, 이때 비어-램버트 법칙 Beer-Lambert law이 적용된다. 이 법칙은 독일의 물리학자 어거스트 비어 August Beer와 요한 램버트 Johann Lambert의 분광학 연구에서 비롯된 것으로 빛이 물질을 통과할 때 그 세기가 흡수 물질의 양에 비례하여 감소한다는 원리를 설명한다.

베타선 흡수법에서는 공기를 일정 시간 동안 흡입하여 먼지를 여과지에 포집한 뒤, 여과지를 통과하는 베타선의 세기를 측정한다. 오염된 여과지는 깨끗한 여과지보다 더 많은 베타선을 흡수하므로 두 세기의 차이를 이용해 미세 먼지의 질량 농도를 정량화할 수 있다.

이 방식에 사용하는 여과지는 롤 형태로 연속 이동하기 때문에 긴 시간 동안 자동으로 다수의 시료를 측정할 수 있다는 장점이 있다. 이러한 효율성과 신뢰성 덕분에 베타선 흡수법은 우리나라 환경부와 미국 환경보호청을 비롯한 여러 국가에서 공식적인 미세 먼지 측정 표준 방식으로 채택되었다.[28]

미세 먼지의 농도를 이토록 정밀하게 측정하는 이유는 단순히 숫자를 기록하기 위해서가 아니다. 측정은 곧 대응 전략의 기반이 된다. 미세 먼지가 언제, 어디에서, 어떤 기상 조건에서 높아지는지를 정확히 알아야 배출원을 관리하고 정책을 설계할 수 있다. 예를 들어 특정 산업 단지 주변에서 PM-2.5 농도가 반복적으로 상승한다면 원인 물질을 추적해 저감 장치를 강화하거나 배출 기준을 조정할 수 있다. 또한 계절이나 지역별로 패턴이 드러나면 공공기관은 경보 시스템과 건강 행동 지침을 마련하고 학교와 병원, 노인 시설은 실내 공기 관리 전략을 세울 수 있다. 개인 역시 실시간 측정치를 기반으로 환기 시점을 조절하고 외출 시 마스크 착용 여부를 결정할 수 있다. 즉, 측정은 대기 오염을 보이지 않는 위험에서 관리 가능한 위험으로 바꾸는 첫 단계다.

바람이 흐르는 도시

도시의 거리를 청소하는 문제는 수백 년 전부터 논의되어 왔지만 대기 중 먼지를 제거하는 과제는 산업화 이후로 비교적 최근에 등장한 문제다. 특히 공업 도시의 대기 오염을 개선하는 문제는 시민의 건강과 밀접한 관련이 있다. 집안을 자주 환기해야 건강한 삶을 살 수 있듯이 도심도 환기가 무척 중요하다.

세계 각국에서는 도심의 대기 순환을 향상시키기 위한 노력을 기울이고 있다. 부가적으로 대기 순환을 통해 도심의 온도가 높아지는 열섬 heat island 현상까지 해결이 가능하다. 독일의 슈투트가르트에서 대기 오염이 심각한 문제로 떠오르자 독일 정부는 1976년과 1979년 연방건설법 개정을 통해 도시 환경 보호를 위한 바람길 wind corridor 조성 정책을 본격화했다. 도심 남쪽에서 불어오는 신선한 공기를 중앙으로 유입시키기 위해 남쪽 공원과 주요 도로를 연결하고 공기 흐름을 방해하지 않도록 도로 구조와 건물 배치를 설계했다. 또한 좁은 도로 대신 넓은 도로와 적절한 건물 높이 조정을 통해 공기의 흐름을 증폭시키는 효과를 얻었다.

이러한 도시 설계는 건축학, 기상학, 지리학, 생태학, 유체역학 등 다양한 학문이 융합된 결과물로 바람길을 막지 않는 건

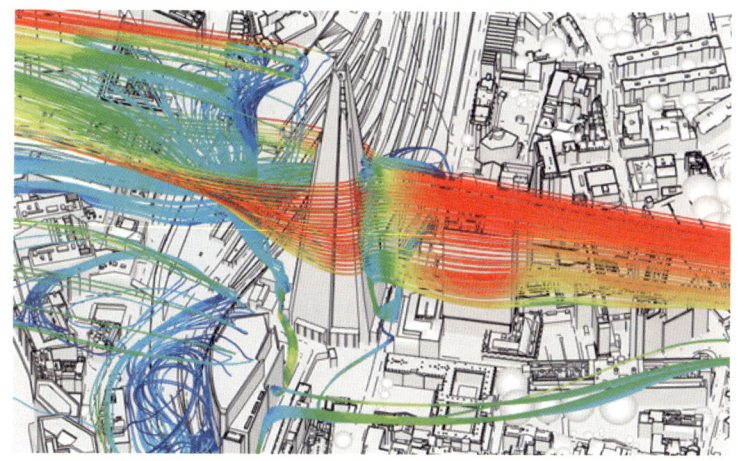

도심의 바람길을 가시화 및 정량화 하는 CFD 시뮬레이션

축 가이드라인 수립과 공원의 네트워크화(U자형 연결)를 통해 미세 먼지, 폭염, 대기 정체 등 도심의 환경 문제를 해결하고자 했다. 결국 바람길 조성은 공원을 잇는 차원을 넘어 도시의 공기 순환을 유도하는 유로 설계와 최적의 건축 배치를 기반으로 한 과학적 도시 계획의 핵심 전략으로 자리 잡게 되었다.

도시 내 바람길을 조성하기 위해서는 우선 도심의 바람 흐름을 정밀하게 분석하는 것이 필수적이다. 이를 위해 전산유체역학 **CFD, Computational Fluid Dynamics** 기법이 활용된다. CFD 분석을 통해 특정 지역의 바람 흐름, 정체 구역, 그리고 난류 발생 지점을 시뮬레이션할 수 있다. 바람이 정체되는 구역은 미세 먼지와 오염 물질이 쉽게 축적되므로 이러한 지역에는 공기 순환을 촉진할 수 있는 개방 공간을 확보하거나 건물 배치를 조정하는 설계 전략이 필요하다.

건물 배치는 바람길 형성의 핵심 요소 중 하나다. 바람이 원활하게 흐르기 위해서는 건물들이 장벽 효과barrier effect를 최소화하도록 설계되어야 한다. 바람을 차단하는 높은 건물이 연속적으로 배치되면 공기 순환이 차단되어 공기 오염이 심화될 수 있다. 따라서 고층 건물이 밀집한 지역에서는 바람이 지나갈 수 있도록 일정한 간격을 두고 저층 건물이나 공원을 배치하는 것이 중요하다. 또한 고층 건물 사이에 바람이 흐를 수 있는 통로를 확보하면 도심 내부까지 공기가 효과적으로 공급될 수 있다. 도로의 설계도 바람길 형성에 중요한 역할을 한다. 바람이 도심으로 유입되도록 하려면 주요 도로를 바람이 흐르는 방향과 일치하도록 배치하는 것이 효과적이다.

도시의 공원과 녹지 공간도 바람길 형성에 필수적인 요소다. 도심에서는 콘크리트 건물과 아스팔트 도로가 열을 흡수하고 저장하는 열섬 현상이 발생하기 쉬운데, 바람길과 함께 녹지를 조성하면 온도를 낮추고 공기 순환을 더욱 촉진할 수 있다. 나무와 식물은 공기를 정화하고 바람이 이동할 때 자연스럽게 공기의 질을 개선하는 역할을 한다. 따라서 공원과 강변, 하천 등 자연 지형을 바람길의 중심축으로 활용하면 더욱 효과적이다.

도시 내에 바람길을 형성할 때는 건물의 형태와 재질도 고려해야 한다. 유체역학적으로 공기가 효율적으로 흐르게 하려면 건물의 전면부가 날렵한 곡선형 디자인을 갖거나 바람이 통과할 수 있는 개방된 구조를 가지는 것이 유리하다. 일부 도시에서는 건물의 하층부를 필로티 piloti 구조로 설계하여 바람이 건물 아래를 자유롭게 흐를 수 있도록 하고 있다. 또한 건물 외벽의 재질이 바람과의 마찰을 최소화하도록 설계되면 공기의 흐름이 보다 원활해진다.

바람길을 설계하는 과정에서 지형과 바람의 방향도 고려해야 한다. 분지 지역에서는 바람이 쉽게 정체되므로 바람이 빠져나갈 수 있는 출구를 만들어야 한다. 또한 바람이 자주 부는 주요 방향을 분석하여 바람길이 자연스럽게 형성되도록 도심을 계획해야 한다. 바람의 계절적 변화를 고려하여 여름철에는 시원한 바람이 도심으로 유입되도록 하고 겨울철에는 강한 바람이 도심에서 직접적으로 부딪히지 않도록 조정하는 것도 중요한 설계 요소다.

도시의 바람길을 조성하는 것은 유체역학적 분석을 바탕으로 건물 배치, 도로 설계, 공원과 녹지 공간의 활용 등을 종합적으로 고려하는 과정이다. 이를 통해 공기 순환을 원활하게 하고 대기 오염을 줄이며, 열섬 현상을 완화할 수 있다.

도로를 닦는 사람들

도로 표면에 쌓인 먼지, 낙엽, 폐기물 등은 차량과 보행자의 안전을 위협할 뿐 아니라 장기적으로 도로의 내구성을 저하시킨다. 특히 도로에는 차량에서 떨어진 타이어 가루, 브레이크 분진, 배기가스 찌꺼기 등 다양한 오염 물질이 축적되는데, 이러한 입자들은 시간이 지나면서 도로 표면에 박히거나 도로 균열 속으로 스며들 수 있다. 이를 방치하면 도로의 표면 마찰력이 감소하여 미끄러운 환경이 조성될 수 있으며, 비가 내리면 기름때와 먼지가 섞여 더욱 미끄러운 층을 형성할 가능성이 있다. 그리고 이러한 오염물은 빗물과 함께 하수로 흘러들어 수질 오염의 원인이 되기도 한다. 따라서 도로의 안전성과 환경을 동시에 지키기 위해서는 체계적인 청소가 필수적이다.

이를 효과적으로 수행하려면 유체역학, 기계공학, 환경과학의 원리가 결합된 도로 청소 기술이 필요하다. 고압 세척은 도로 청소에서 가장 널리 사용되는 방식 중 하나다. 이 방식은 높은 압력의 물을 분사하여 도로 표면의 오염물을 제거하는데, 유체역학의 기본 원리인 베르누이의 법칙 Bernoulli's principle 과 난류 turbulent flow 현상이 중요한 역할을 한다. 고압 세척기의 노즐에서 빠른 속도로 분사된 물은 압력이 낮아지면서 넓게 퍼지고, 이 과정에서 물의 빠른 속도와 강한 충격력으로 도로 표면에 붙어 있는 먼지와 기름때를 떼어낸다. 또한 물의 흐름이 난류 상태가 되면 유체의 운동이 불규칙해지면서 오염물질을 더욱 효과적으로 교반하고 제거할 수 있다.

고압 세척으로 제거된 오염물은 하수구로 흘러들지 않도록 즉시 진공으로 흡입한다. 그리고 수거된 오염물은 별도로 모아 안전하게 처리한다. 이 같은 고압 세척은 도로의 오염 문제를 해결하는 효과적인 방법이며, 물을 이용한 친환경적인 청소 방식이라는 장점도 갖고 있다.

고압 세척 외에도 도로 청소에는 다양한 기계적 방식이 활용된다. 대표적으로 도로 청소 차량street sweeper은 브러시와 진공 시스템을 결합하여 도로 표면의 오염물을 물리적으로 제거한다. 차량 바닥에 장착된 브러시는 회전 속도와 방향을 조절하여 쓰레기, 낙엽, 흙덩이 등 비교적 큰 오염물을 분리해 내고, 이후 진공 시스템이 이를 흡입한다. 일부 차량은 물을 분사하여 남은 잔여물을 제거한다. 이 과정에서도 유체역학적 원리가 적용되는데, 진공 시스템 내부에서는 베르누이의 법칙에 의해 공기의 속도가 증가하고 압력이 낮아지면서 먼지가 흡입된다. 특히 겨울철에는 도로 표면에 모래, 염화칼슘, 염화나트륨 등의 제설제가 남아 있어 세척이 필수적이다. 이러한 제설제 잔여물은 도로 포장재를 손상시키고 차량 부식의 원인이 될 수 있기 때문이다.

여기에 더해 기존의 물청소 방식은 먼지를 물로 흘려보내는 과정에서 물기가 마른 뒤 먼지가 다시 공기 중으로 날릴 우려가 있었다. 이러한 한계를 보완하기 위해 분진 흡입 방식의 청소가 도입되었다. 이 방식은 미세 먼지를 고압으로 빨아들이는 특수 장비를 활용한다. 차량이 도로를 이동하며 먼지를 흡입하면 내부의 고성능 필터를 통해 공기를 정화한 뒤 외부로 배출한다. 이 필터는 미세 먼지와 초미세 먼지를 최대 98%까지 제거할 수 있어 도심의 대기 환경을 크게 개선한다.

도로 청소에서 중요한 또 다른 요소는 빗물과의 상호 작용이다. 도로에는 배수 시스템 drainage system 이 설계되어 있으며, 물이 효과적으로 배출되지 않으면 오염 물질이 도로 표면에 고여 교통사고와 환경 오염을 유발할 수 있다. 고압 세척 차량이 지나가면서 먼지와 잔여물을 씻어낼 때 이러한 배수 시스템이 원활하게 작동해야 도로가 제대로 정화될 수 있다. 특히 도로의 경사도와 배수구의 위치는 물의 흐름을 결정하는 중요한 요소로 작용하며, 청소 과정에서 물이 도로 곳곳에 고이지 않도록 유체의 흐름을 조절하는 것이 필요하다.

수자원 관리 측면에서도 도로 청소는 중요한 역할을 한다. 도로 표면에 쌓인 먼지와 유해 물질이 바람에 날리거나 빗물에 씻겨 하천으로 유입될 경우, 수질 오염의 원인이 될 수 있다. 따라서 도로 청소를 통해 미세 먼지와 중금속 입자의 이동을 최소화하면 수질 오염을 예방할 뿐 아니라 도시 환경 전체의 청결도 역시 높일 수 있다. 최근에는 재생수를 사용하는 등 친환경적인 도로 청소 기술이 개발되고 있으며, 물 사용량을 줄이면서도 높은 세정력을 제공하는 기술들이 도입되고 있다.

도로 청소는 유지 보수를 위해 유체역학과 기계공학을 결합하여 도로 표면의 안전성과 환경 보호를 동시에 고려하는 중요한 과정이다. 고압 세척과 도로 청소 차량의 활용을 통해 보다 깨끗하고 안전한 도로 환경을 조성할 수 있으며, 지속적인 관리로 도로의 내구성을 높이고 장기적인 비용 절감 효과도 얻을 수 있다. 이러한 과학적 원리를 기반으로 한 도로 청소 기술의 발전은 도심 환경 개선뿐만 아니라 지속 가능한 도시 관리에도 기여할 것이다.

제설의 과학

하늘에서 내리는 눈은 흔히 낭만의 상징으로 여겨지지만 시선을 달리하면 지긋지긋한 티끌이자 청소의 대상이 되기도 한다. 전 세계의 다설 지역에서는 매년 폭설로 인한 각종 사고가 반복되고 있으며, 쌓인 눈은 교통과 생활에 큰 불편을 초래한다. 특히 블랙아이스 black ice 는 녹았던 눈이 다시 얇은 빙판으로 얼어붙는 현상으로, 도로 결빙을 의미한다. 이 얼음층은 매우 얇고 투명해 검은 아스팔트 노면이 그대로 비쳐 보이기 때문에 블랙아이스라는 이름이 붙었다. 마치 도로가 얇은 얼음막으로 코팅된 것처럼 보이는 이 살얼음은 흰 눈과 달리 육안으로 식별이 어려워 예기치 못한 사고로 이어질 위험이 매우 높다.

1962년 1월 31일 우리나라에서 눈이 가장 많이 내리는 설국 울릉도는 하루 동안 무려 293.6cm의 적설량을 기록하였다. 설국이라는 별명에 걸맞게 울릉도에서는 수시로 1m 넘게 눈이 쌓여 차량은 파묻히고 길이 끊기는 일이 빈번하다. 참고로 한 해 겨울 동안 내린 강설량 부문 세계 최고 기록은 1999년 미국 워싱턴주 베이커 산 Mount Baker 에 내린 29.86m로 이는 9층 건물 높이에 해당한다.

이쯤 되면 잔뜩 쌓인 눈을 치우는 제설 작업은 청소의 범위를 넘어 생사를 결정하는 사투다. 미국과 캐나다, 독일 등 일부 국가에서는 집 앞의 눈을 적극적으로 치우지 않을 경우 벌금을 납부해야 한다. 지역에 따라 눈을 치워야 하는 기한과 벌금에 차이가 있는데, 뉴욕시의 경우 일과 시간인 오전 7시에서 오후 5시 사이에 눈이 그칠 경우, 4시간 이내에 눈을 치워야 한다. 그리고 오후 5시에서 9시 사이에 눈이 그치면 14시간 이내, 오후 9시부터 다음날 오전 7시 사이에 눈이 그칠 경우 오전 11시까지 눈을 치워야 한다. 또한 보행자가 다닐 수 있도록 최소 4피트 너비의 길을 만들어야 하며, 길모퉁이 건물을 소유 시 보행자를 위한 경사로를 포함해 횡단보도로 진입할 수 있는 길의 눈도 제거해야 한다는 엄격한 규칙을 지니고 있다. 2024년 뉴욕시 청소국은 제때 눈을 치우지 않은 2,000명 이상에게 벌금을 부과하였다. 참고로 우리나라 자연재해대책법 제 27조에 따르면 건축물의 관리 책임자가 건축물 주변의 보도와 도로, 지붕에 대해 제설 및 제빙 작업을 해야 한다고 규정하고 있지만 강제성이 없어 제설이 제대로 이루어지지 않는 실정이다.

먼지는 응결핵으로 눈 결정을 형성하는 데 중요한 역할을 한다. 스키장처럼 눈이 필요한 곳에서는 먼지를 이용해 제설(製雪)을 하고 그 외 대부분의 공간에서는 마치 먼지를 치우듯 제설(除雪)을 한다. 눈을 치우는 방식은 장소와 그 양에 따라 달라진다. 적은 양의 눈이라면 빗자루로 쓸고 많은 양의 눈은 제설차로 치우는 등 물리적으로 제거하는 것이 가장 간단하다. 먼지를 쓸어버리는 것과 같은 원리다. 다만 눈은 먼지와 달리 녹으면 물이 되고 물은 증발하면 흔적도 없이 사라지기 때문에 화학적 반응을 통해 녹이는 방식도 적극 활용된다.

제설제 deicing material 가 눈과 섞이면 어는점이 내려가는데, 소금의 경우 영하 21°C, 염화칼슘은 영하 55°C까지 어는점이 하강한다. 염화칼슘의 조해성과 발열성 덕분이다. 조해성은 고체가 대기 속에서 습기를 흡수하여 녹는 성질을 뜻한다.

염화칼슘 110.98g(1 mol의 질량)이 녹을 때 발생하는 용해열 heat of solution 은 약 82.8kJ이다. 이는 어느 정도의 열량일까? 염화칼슘 1g이 녹을 때 발생하는 열은 약 746J(=82,800÷110.98)이고 물 1g을 1°C 올리는 데 필요한 비열 specific heat 은 약 4.2J/g·°C이다. 따라서 염화칼슘 1g의 용해열은 물 10g의 온도를 약 17.8°C(=746J/4.2J×10g) 올릴 수 있으며, 염화칼슘 10g이 녹으면 상온의 물 20g을 끓일 수도 있다. 또한 얼음 1g을 1°C 올리는 데 필요한 비열은 약 2.1J이고, 0°C의 얼음을 0°C의 물로 만드는 데 필요한 융해열 heat of fusion 은 약 334J/g이다. 염화칼슘 1g으로 영하 10°C의 눈 몇 g을 녹일 수 있는지 계산해보자.

$$x \times 2.1J \times 10°C + x \times 334J = 746J$$

즉 염화칼슘 1g의 용해열 746J로 약 2.1g을 녹일 수 있다. 이론상 염화칼슘은 자신의 무게보다 두 배 정도 많은 눈을 녹일 수 있다는 의미다. 실제로 30만원 정도의 염화칼슘 1톤으로 약 8km의 도로를 제설할 수 있다.

하지만 염화칼슘이 저렴하고 눈을 녹이는 데 효과적이라 하여 무작정 사용할 수는 없다. 염화칼슘에 들어 있는 염화이온이 철을 부식시키고 염소성은 식물의 삼투압 현상을 막아 고사시키기 때문이다. 또한 아스팔트를 비롯한 각종 도로의 부식 과정을 촉진시킬 수 있다. 이러한 이유로 미국, 캐나다, 스웨덴 등의 나라에서는 염화칼슘의 사용을 엄격히 규제하고 있다.

최근에는 친환경 제설제에 관한 연구가 활발히 진행되고 있다. 친환경 제설제는 염화칼슘 대신 독성이 약한 유기산으로 만든다. 음식물 쓰레기의 분해 과정에서 나오는 유기산은 환경 오염을 막는 데에 도움이 된다. 또한 최근 각광받는 불가사리 제설제도 있다. 바다의 포식자 불가사리의 골편(뼛조각)은 탄산칼슘으로 이루어진 다공성 구조체로 염화이온 흡착 및 부식 방지 효과가 있다.

제설제는 눈이 오고 난 후 뿌리는 것보다 일기예보를 보고 사전에 미리 뿌리는 것이 효과적이다. 하지만 사람이 모든 길에 일일이 제설제를 살포하는 것이 현실적으로 어렵기 때문에 원격으로 제어가 가능한 스마트 제설 기술이 늘어나고 있다.

자동염수분사장치는 컴퓨터를 통해 원격으로 염수를 분사하는 장치로 눈이 내리면 현장에 설치된 CCTV를 통해 신속하게 제설이 가능하다. 이는 강설 초기에 즉각적인 대응이 가능하여 효율적으로 교통 사고를 미연에 방지할 수 있다.

스마트 제설 시스템 중 가장 효과적인 방식은 열선이다. 이는 도로 포장면 5~7cm 아래 열선을 깔고 강설 시 온도, 습도를 모니터링하여 자동으로 작동하는 원리다. 열선은 가급적 표면에 가깝게 설치해야 열 효율이 높지만 표면에 가까울수록 충격에 의한 손상 가능성이 높기 때문에 적절한 깊이를 선정해야 한다.

열선의 설치 비용은 100m에 1억 원 수준으로 매우 높고 사용할 때마다 전기가 들지만 별도의 제설 인력 없이 반영구적으로 사용할 수 있다는 장점이 있다. 이러한 이유로 아직까지는 경사지, 응달진 곳, 교통량 등을 기준으로 제한된 장소에 활용되고 있으며, 2024년 기준으로 서울에는 총 419개소에 약 66km 길이의 열선이 설치되었다.

한편 친환경 에너지 발전으로 개발 중인 솔라로드 solar road 는 아스팔트 대신 태양광 패널을 설치한 도로다. 도로 표면에 비치는 태양광을 흡수하여 전기로 전환하고 이렇게 자체적으로 생산한 전기로 눈을 녹이는 이상적인 시스템이다. 눈을 녹이지 않을 때 전기는 신호등과 같은 주변 시설물에 활용한다.

도로 위뿐만 아니라 지붕 위에 쌓인 눈도 큰 위험 요인이 된다. 눈이 많이 쌓이면 그 무게가 상당하여 구조물에 직접적인 하중을 가하기 때문이다. 적설하중이란 이렇게 쌓인 눈의 무게가 구조물에 미치는 힘을 말하며, 건물 설계 시 반드시 고려해야 하는 요소다. 눈의 상태와 밀도에 따라 다르지만 일반적으로 적설 10cm는 1㎡당 약 10kg의 하중을 가하는 것으로 알려져 있다.

이러한 이유로 폭설이 잦은 북유럽의 핀란드, 스위스, 노르웨이 등의 주택은 대부분 뾰족한 지붕peaked roof 구조를 갖는다. 이렇게 하면 눈이 쉽게 미끄러져 내려가 쌓이지 않기 때문이다. 일본 기후현의 시라카와고 역시 같은 원리를 적용한 마을이다. 시라카와고는 위도상으로 우리나라 구미시(36.2°N)와 비슷하지만 해발 약 500m의 분지에 위치해 산으로 둘러싸여 있어 연간 평균 강설량이 972cm에 달한다. 이 지역의 전통 가옥인 갓쇼즈쿠리(合掌造り)는 1995년 유네스코 세계문화유산에 등재되었으며, 두 손을 모은 합장 형태의 가파른 초가지붕은 폭설에도 견디며 눈이 자연스럽게 흘러내리도록 설계된 지혜의 산물이다. 이처럼 지붕의 형태와 재료, 경사각은 단순한 미관의 문제가 아니라 기후와 생존에 대한 오랜 경험이 축적된 과학적 설계의 결과라 할 수 있다.

참고로 중국 난징대학교 연구진은 중국 고(古) 건축물 지붕

나라를 불문하고 눈이 많이 내리는 지역의 집 지붕은 뾰족한 형태를 띈다.

의 기울기가 수천 년에 걸쳐 기후 변화에 따라 가팔라졌다가 완만해지기를 반복했다는 사실을 밝혀냈다. 기온이 내려가는 추운 시기가 되면 약 30년에 걸쳐 지붕의 기울기가 가팔라졌다는 의견을 제시하였다. 연구진에 따르면 전체적으로 한랭한 시기(1100~1200년, 1300~1750년 소 빙하기)에 지붕은 더욱 가팔라졌고 반면 유럽의 중세 온난기와 겹치는 따뜻한 시기(1200~1300년)에는 지붕 기울기가 훨씬 완만해졌다.[29]

겨울이 찾아오는 한 눈은 매년 내릴 것이고 인류는 이를 효과적으로 치우기 위한 방법을 끊임없이 고민해야 한다. 도로와 보도를 안전하게 유지하기 위해 제설 장비와 화학적 제설제, 물리적 제거 방법이 발전해왔지만 기후 변화와 환경 보호 문제를 고려한 새로운 방식의 연구도 지속되고 있다. 제설은 교통과 생활 안전을 보장하고 도시 기능을 정상적으로 유지하기 위한 필수적인 과제이기에 앞으로도 더 효율적이고 친환경적인 기술의 개발이 필요하다.

쓰레기 소각장과 열 수송관

도시는 매일 엄청난 양의 먼지와 쓰레기를 만들어낸다. 도로를 청소하고, 공원을 쓸고, 하수구를 비워내도 결국 마지막에 남는 것은 처리해야 할 폐기물이다. 눈앞의 거리만 깨끗하게 만든다고 도시가 정돈되는 것은 아니다. 우리가 보기 좋게 치워낸 쓰레기는 도시 어딘가에서 다시 분류되고 압축되고 태워진다.

자원 회수 시설은 재활용이 불가능한 가연성 폐기물을 고온으로 소각해 부피를 줄이고, 남은 열에너지를 회수하여 전기나 온수로 재이용하는 시설이다. 일반적으로 쓰레기 소각장이라 불리지만 에너지 자원화와 환경 관리 기능을 함께 수행한다는 점에서 의미가 다르다. 서울에서 발생하는 하루 약 3,000톤의 생활 폐기물 중 약 2,000톤이 서울 내 4곳의 자원 회수 시설(노원, 양천, 강남, 마포)에서 처리되고 나머지 약 1,000톤은 인천과 김포의 광역 소각 시설에서 소각된다. 이러한 자원 회수 시설은 매립지 부담을 줄이고 폐기물로부터 에너지를 회수함으로써 탄소 배출 저감과 순환 경제 실현에 기여하는 핵심 인프라로 평가된다.

연소는 물질과 산소와의 화학 반응이기 때문에 어떤 물질이든 소각할 때 반드시 부산물이 생성된다. 쓰레기 역시 소각 시 결과물로 매연과 열이 발생한다. 대기 오염 물질의 배출은 쓰레기 소각에서 가장 중요한 문제다. 특히 매연은 환경 오염의 주범이기에 엄격한 처리가 필요하다. 일반적으로 세정기를 통과하는 연소 가스에 석회를 분사하여 가스에 함유된 이산화황(SO_2)과 산성 가스를 중화시킨다.

그렇다면 소각 과정에서 발생하는 높은 열은 어떻게 활용될까? 이 열은 증기 터빈 발전기를 돌려 전기를 생산하거나 인근 주택과 건물에 난방 및 온수를 공급하는데 이용된다. 증기 터빈에서 나오는 500℃ 이상의 배기 가스는 물을 고온, 고압의 수증기로 전환시키며, 이 수증기는 열 수송관 heating pipes 을 통해 각 가정과 시설로 전달된다. 이러한 시스템을 지역 난방 district heating 이라 한다. 참고로 쓰레기 소각장뿐만 아니라 열병합 발전소에서 전기를 만드는 과정에서 발생한 열도 유사한 방식으로 활용된다. 열병합 발전은 사람들이 밀집한 도심에 위치하기 때문에 화석 연료 중 대기 오염 물질을 최소화할 수 있는 액화천연가스(LNG)를 주원료로 사용한다.

지역 난방은 국내 전체 난방의 약 20%를 차지하며, 공급 세대수는 370만 호로 상당한 비중을 차지하고 있다. 지역별로 수십 개의 지역 난방 사업자가 이러한 시스템을 관리하는데, 한국지역난방공사가 대표적이다. 지역 난방은 난방을 위해 별도의 에너지를 사용하는 것이 아니라 쓰레기 소각장과 열병합 발전소에서 발생하는 폐열을 활용하여 에너지 효율이 매우 높다는 장점이 있다. 일반적인 화력 발전의 효율(40%)과 비교해 열병합 발전의 효율(80%)이 두 배 정도 높은 이유다.

도시는 수도관, 가스관, 전기선, 인터넷망, 열 수송관 등 다양한 네트워크로 촘촘하게 연결되어 있다. 과거에는 마을을 잇는 도로와 도시를 연결하는 철도가 만들어졌다면, 이제는 보이지 않는 곳에서 데이터와 에너지가 끊임없이 흐른다. 우리가 자연스럽게 숨을 쉬며 공기의 존재를 잊고 지내듯 인터넷을 위해 바다 깊은 곳에 깔린 광케이블이 대륙을 연결하고, 발전소에서 만들어진 전기와 석유 탱크의 연료가 전선과 송유관을 따라 전국으로 퍼져나간다.

이와 마찬가지로 지역 난방의 열 수송관도 하나의 거대한 망을 이루며 도심 곳곳으로 따뜻한 에너지를 전달한다. 수도권에는 파주에서 시작하여 일산, 상암, 강남, 분당, 수원, 평택까지 열 수송관으로 연결되어 있다. 지역별로 독립적이지 않고 유기적으로 연결하는 이유는 특정 지사에 문제가 생겼을 경우 통합 운영 센터를 통해 인근 지사에서 즉각적으로 열을 공급받기 위해서다.

열 수송관은 고온의 물을 장거리로 보내기 위해 강관에 단열재를 두른 이중 보온 구조로 설계된다. 관 내부가 뜨거워 열 손실과 부식을 막기 위해 폴리우레탄 폼과 외부 보호층이 감싸고, 그 위에는 니켈-크롬선과 구리선이 배치되어 누수 감지

센서 역할을 한다. 니켈-크롬선의 저항 변화를 이용한 측정 방식으로, 내관과 감지선 사이에 수분이 침투하면 발생하는 누설 전류와 전압의 변화를 감지하여 누수를 판별할 수 있다. 마지막으로, 가장 바깥층은 고밀도 폴리에틸렌으로 덮어 외부 충격과 부식으로부터 관을 보호한다.

 열 수송관의 직경은 약 80cm이며, 표면에서 1~3m 깊이에 매설되어 있다. 전국적으로 깔린 열 수송관은 약 4,300km에 달하는데, 이 중 약 30%가 사용한 지 20년 이상 된 노후관으로 종종 사고가 발생한다. 100℃에 가까운 물을 수송하기에 상온의 물보다 관이 부식되기 쉽고 파손 시 고온, 고압으로 대기 중에 분출되기 때문에 매우 위험하다.

 이러한 사고를 방지하기 위해 다양한 방법으로 열 수송관의 상태를 평가한다. 첫째로 열화상 카메라 진단은 누수 시 열 수송관 외부에서 발생하는 지열로 인한 온도 변화를 측정하여 진단하는 방법이다. 둘째로 직류전위구배법은 배관에 약한 직류 전류를 흘려보낸 뒤 지상에서 전위(전압)의 기울기를 측정해 피복 손상을 찾아내는 방식이다. 배관의 금속 부분이 노출된 곳에서는 전류가 새어 나가면서 주변 지표면의 전위 분포가 비정상적으로 변하기 때문에 두 전극 사이의 전압 차이를 따라가면 땅을 파지 않고도 손상 지점과 그 정도를 추정할 수 있다. 마지막으로 감시 시스템은 보온재 내부에 삽입된 누수 감지선을 통해 누수 여부를 진단한다. 이 방식들은 모두 누수가 일어난 후 대처하기 위한 수단이므로 예방에 효과적이지 않다는 한계가 있다. 최근에는 열 수송관 안에 로봇을 넣어 배관 내부의 결함이나 누수, 배관 벽이 얇아지는 감육 wall-thinning 수준을 실시간으로 검사하는 방법이 활발히 연구되고 있다.

도시의 쓰레기 처리는 환경과 에너지를 동시에 고려해야 하는 중요한 과제이며, 이를 해결하는 혁신적인 방식 중 하나가 친환경 소각장이다. 오스트리아 빈의 슈피텔라우 소각장 Spittelau Waste Incineration Plant 은 기능성과 예술성이 완벽하게 조화를 이룬 대표적 사례로 꼽힌다. 이 시설은 단순한 폐기물 처리장을 넘어 지역 난방과 온수를 공급하는 핵심 에너지 인프라로 자리 잡았다. 폐기물 연소 과정에서 발생하는 열을 효율적으로 회수해 도시 난방에 활용하고 첨단 배기가스 정화 기술을 도입해 대기 오염을 최소화하고 있다. 건축가이자 환경운동가인 프리덴스라이히 훈데르트바서 Friedensreich Hundertwasser가 설계한 이 건물은 화려한 색채와 비정형적인 곡선 구조가 특징으로 산업 시설이 자연과 예술 속에서 조화를 이룰 수 있음을 보여주는 공간이다.

덴마크 코펜하겐의 아마게르 바케 Amager Bakke 혹은 코펜힐 CopenHill 로 불리는 소각장은 환경과 여가를 결합한 혁신적인 사례로 주목받고 있다. 이 시설은 지붕 위에 인공 스키 슬로프

기술과 예술이 융합된 슈피텔라우 소각장(오스트리아)과 아마게르 바케(덴마크)

를 조성한 것이 특징으로 폐기물 처리 시설이면서 동시에 시민들의 여가와 스포츠 공간으로 활용된다. 소각 과정에서 발생하는 에너지는 코펜하겐의 약 15만 가구에 난방과 전력을 공급하며, 최첨단 배기가스 정화 시스템을 통해 탄소 배출을 최소화하고 있다. 건축 디자인 또한 지속 가능성을 반영하여 녹색 지붕, 인공 암벽, 조깅 코스 등을 설치해 시민들이 자유롭게 이용할 수 있도록 설계되었다.

    이러한 혁신적 접근은 폐기물 관리와 에너지 생산을 도시 생활과 조화롭게 통합하려는 세계적 흐름을 보여주며, 환경 보전과 도시의 삶의 질 향상을 동시에 실현하는 새로운 모델로 평가된다.

쓰레기 수출입

오늘날 국제 무역은 원자재나 완제품만을 주고받는 데 그치지 않는다. 의외로 쓰레기 또한 국가 간 거래의 대상이 되고 있다. 플라스틱, 전자 폐기물, 산업 폐기물 등 다양한 형태의 폐기물이 처리 비용과 환경 규제의 차이로 인해 다른 나라로 수출되거나 수입된다. 일부 선진국에서는 폐기물 처리 비용이 높고 환경 규제가 엄격하기 때문에 보다 저렴한 처리가 가능한 개발도상국으로 폐기물을 이전하는 경우가 많다.

우리나라 역시 폐기물의 수출입 문제에서 자유롭지 않다. 국내에서 발생하는 폐기물 중 일부는 재활용이 어렵거나 처리 비용이 높은 경우, 선별 및 가공을 거쳐 해외로 수출되기도 한다. 반대로 재활용 원료로 사용할 수 있는 폐플라스틱, 폐지, 폐금속 등은 수입을 통해 국내 산업에 활용되기도 했다. 그러나 이러한 폐기물의 국제 이동은 최근 몇 년간 큰 변화를 맞이했다.

특히 중국의 폐기물 수입 금지 조치는 세계 폐기물 시장에 큰 충격을 주었다. 중국은 2018년부터 환경오염 문제를 이유로 폐플라스틱과 폐지 등 24종의 폐기물 수입을 전면 중단하였다. 이전까지 한국을 포함한 많은 나라들은 폐기물 재활용의 상당 부분을 중국에 의존하고 있었기 때문에 이 조치 이후 수출길이 막히면서 국내 폐기물 적체와 재활용 산업의 위기가 발생했다. 실제로 플라스틱 포장재나 비닐류의 처리 비용이 급격히 상승하기도 했다. 이후 우리나라는 폐기물의 국내 자원 순환 체계 강화를 위한 정책을 추진하고 있으며, 국내에서 발생한 폐기물을 국내에서 처리하는 순환 경제 구조로 전환하기 위한 노력이 이어지고 있다.

결국 중국의 폐기물 수입 중단은 단기적으로 국내외에서 폐기물 처리난과 재활용 체계의 혼란을 초래했지만 장기적으로는 각국이 자체적인 자원 순환 시스템을 강화하고 폐기물의 국제 이동을 최소화하는 계기가 되었다.

이처럼 쓰레기 문제는 더 이상 한 나라만의 과제가 아닌, 국제적 협력이 필요한 환경 이슈로 자리 잡았다. 그중에서도 유해 폐기물의 국가 간 이동과 처리를 통제하기 위한 대표적인 국제 협약이 바로 바젤 협약 Basel Convention 이다. 1989년 3월 스위스 바젤에서 채택되어 1992년에 발효된 이 협약은 유해 폐기물과 기타 폐기물의 국제 이동을 규제하고 환경적으로 건전한 처리를 보장하는 것을 목적으로 한다. 협약에 따르면 한 국가가 유해 폐기물을 다른 나라로 수출하려면 반드시 수입국의 명시적 동의를 받아야 한다. 또한 불법 폐기물 거래를 방지하기 위한 국제적 관리 체계도 마련되었다.

그럼에도 불구하고 바젤 협약 시행 이후에도 일부 선진국이 환경 규제가 느슨한 개발도상국으로 폐기물을 지속적으로 수출하는 문제는 완전히 해소되지 않았다. 이에 따라 2019년에는 플라스틱 폐기물에 대한 규제 강화 조항이 추가되어 폐기물 이동이 환경과 공중보건에 미치는 영향을 보다 엄격히 관리하는 방향으로 발전하고 있다. 또한 OECD 국가 간의 별도 규정, 유럽연합의 폐기물 운송 규제, 로테르담 협약 Rotterdam Convention 등 다양한 국제 규범이 병행 운영되며, 국제 사회는 폐기물 관리의 투명성을 높이고 환경 보호를 강화하기 위한 협력을 지속하고 있다.

도시의 청소는 눈앞의 거리를 깨끗하게 만드는 일에서 출발하지만, 그 과정은 국가의 폐기물 정책과 국제 협약으로까지 이어진다. 국경을 넘나드는 쓰레기의 이동은 이제 폐기물 관리가 도시나 국가 차원을 넘어 세계적 협력이 필요한 문제임을 보여준다.

쓰레기의 이동 경로와 처리 기술, 국가 간 협력은 하나의 순환을 이루며 서로 영향을 주고받는다. 일상에서 쌓이는 작은 오염과 이를 정화하는 노력들이 결국 지구라는 공간 안에서 다시 만나듯, 청소는 집 안을 넘어 지구의 흐름을 유지하는 공동의 작업이 되고 있다.

자연 청소

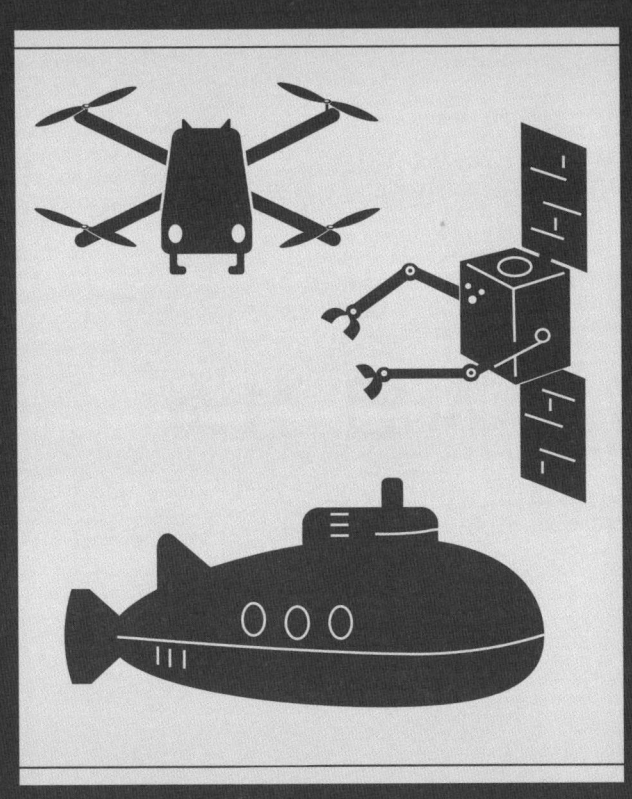

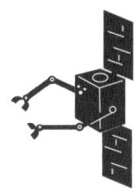

산을 닦는 사람들

산은 도시에서 바라보면 그 자체로 하나의 거대한 공기 청정기이자 피난처처럼 보인다. 하지만 사람의 발길이 닿는 순간 그 안에서도 청소가 필요해진다. 등산로 입구에서 정상까지 사람들이 머문 자리마다 플라스틱 병, 일회용 컵, 식품 포장지, 담배꽁초가 남는다. 문제는 이 쓰레기들이 거실 바닥의 먼지처럼 쉽게 쓸어 담을 수 있는 곳에 있지 않다는 점이다. 가파른 경사와 복잡한 지형 때문에 장비와 인력이 쉽게 접근하기 어렵고, 절벽 끝이나 계곡 깊은 곳에 걸린 쓰레기는 눈으로만 보이다가 그대로 방치되기 쉽다. 계절과 날씨도 변수다. 산은 기후 변화에 민감한 환경이라 강풍, 폭설, 집중호우가 오면 청소는커녕 사람 한 명 들어가는 것조차 위험해진다. 게다가 산림 생태계는 여러 종이 섬세한 균형을 이루고 있어, 치우는 행위 자체가 또 다른 훼손이 되지 않도록 조심해야 한다.

그래서 산을 청소하는 일은 단순한 미화 작업이 아니라 극한 환경에서 이뤄지는 복합적인 과학 작업에 가깝다. 경사와 지형의 불규칙성, 고도에 따른 기압과 산소 농도 변화, 날씨의 급격한 변동 등은 모두 장비의 효율과 인력의 안전에 영향을 준다. 이러한 이유로 본격적인 산악 청소에는 기상학, 지질학, 환경공학 같은 여러 분야의 지식이 총동원된다. 어느 사면이 붕괴 위험이 있는지, 어느 구간이 비가 오면 급류가 되는지, 어느 능선이 강풍 통로인지에 따라 사람과 장비의 동선이 달라진다.

현장에서는 우선 사람의 발이 닿을 수 있는 곳과 그렇지 않은 곳을 나누는 작업부터 시작된다. 드론과 위성 GPS를 이용해 쓰레기가 쌓인 지점을 지도 위에 표시하고, 경사 안정도 분석을 통해 직접 진입이 가능한 구역과 매달려야 하는 구역, 아예 접근이 금지되어야 하는 구역을 구분한다. 접근 가능한 곳에서는 청소 인력이 로프와 하네스 같은 등반 장비를 착용하고, 경량 집게, 자루, 소형 진공 흡입기 등을 들고 한 걸음씩 내려가며 쓰레기를 회수한다. 절벽이나 깊은 계곡처럼 사람이 내려가기 어려운 지점은 헬리콥터, 크레인, 운반용 드론을 동원해 대형 폐기물을 들어 올리기도 한다. 작게 모은 쓰레기는 생분해성 수거 백 biodegradable bag 에 담아 옮기고, 플라스틱 병, 캔, 금속류처럼 재활용 가능한 것들은 현장에서 바로 선별해 운반 횟수를 줄인다.

청소만으로 끝나지 않는 경우도 많다. 오래 방치된 쓰레기나 훼손된 탐방로 주변에서는 토양 산성화나 미생물 균형 변화가 나타나기도 한다. 이런 곳에서는 쓰레기 수거와 동시에 토양 복원 작업이 병행된다. 바이오 숯 biochar 를 뿌려 토양 구조를 회복시키거나, 토양 미생물 복원제를 투입해 미생물 균형을 되돌리고, 훼손된 비탈에는 토종 식물을 다시 심어 식생을 복원한다. 이 과정에서 지질 안정성 평가, 빗물의 흐름을 추적하는 수문 순환 hydrologic cycle 분석, 특정 곤충·식물 같은 생태 지표종 모니터링이 함께 이루어지며, 복원이 실제로 효과를 내고 있는지 과학적으로 검증한다.

이처럼 산악 청소는 지형학, 기후학, 생태학이 한데 섞여 작동하는 환경 관리의 실험장이다. 도심의 도로 청소가 눈앞의 먼지를 치우며 교통과 안전을 지킨다면, 산의 청소는 보이지 않는 뿌리와 흙, 물길을 지켜 전체 생태계의 흐름을 유지하는 일에 가깝다. 인간이 남긴 흔적을 최소한의 간섭으로 되돌려 놓는 이 조심스러운 청소가 있어야 산은 다시 도시를 향해 맑은 공기와 물을 흘려보낼 수 있다.

바다를 지키는 과학

광활한 바다는 지구 생태계에서 중요한 역할을 하지만 인간의 활동으로 인해 점점 오염이 심각해지고 있다. 특히 해양에는 플라스틱 폐기물, 기름 유출, 버려진 낚시 그물 등 다양한 형태의 오염물이 떠다니거나 해저에 쌓이고 있으며, 이는 해양 생물과 생태계에 치명적인 영향을 미친다.

해양 청소가 어려운 가장 큰 이유는 거대한 면적 때문이다. 바다는 지구 표면의 70% 이상을 차지하며, 쓰레기가 특정 지역에만 머무르는 것이 아니라 해류를 따라 전 세계로 확산된다. 또한 바다는 기후 변화의 영향을 직접적으로 받는 환경이므로 강한 파도와 변화무쌍한 날씨는 청소 작업을 더욱 어렵게 만든다. 이러한 도전 과제를 극복하고 지속 가능한 해양 정화를 실현하기 위해서는 과학적 원리를 기반으로 한 다양한 청소 기술이 필요하다.

해양 쓰레기를 제거하기 위해서는 유체역학을 고려한 청소 방법이 필수적이다. 해류의 흐름과 파도의 움직임을 분석하여 쓰레기가 집중되는 지역을 찾아내는 것이 중요한데, 이를 위해 인공위성 관측과 해양 드론이 활용된다. 인공위성은 광범위한 해역을 장기간 추적하며 해류 패턴과 부유 쓰레기의 이동 경로를 파악하고 해양 드론은 이러한 정보를 바탕으로 특정 지역을 정밀 탐색하고 표층에 떠 있는 쓰레기를 직접 수거하거나 위치를 실시간으로 전송한다.

또한 최근에는 해양 로봇 기술이 발전하면서 해저에 가라앉은 쓰레기를 탐지하고 수거하는 역할을 수행하고 있다. 동시에 대형 그물망을 이용해 해상에 떠 있는 플라스틱 쓰레기를 포획하는 기술도 활발히 연구 중이다. 세계 각국의 대학교와 연구소들이 이러한 해양 청소 시스템을 개발해 실험적 운영과 실제 바다에 적용 중이며 기술 기반의 해양 환경 복원이 전 세계적으로 확산되고 있다.

바다에 떠다니는 미세 플라스틱 문제 역시 심각하다. 입자의 크기가 너무 작아 기존의 수거 방식으로는 쉽게 제거할 수 없기 때문이다. 이를 해결하기 위해 과학자들은 특수 필터링 시스템과 미세 플라스틱을 선택적으로 흡착하는 소재를 개발하고 있으며, 생물학적 정화 기술에 대한 연구도 활발히 진행되고 있다. 예를 들어 일부 박테리아나 해양 미생물이 플라스틱을 자연적으로 분해할 수 있는지를 탐구하고, 이러한 능력을 실제 환경 정화에 적용하기 위한 기술적 응용이 이루어지고 있다.

그러나 청소 기술만으로는 바다 오염 문제를 완전히 해결할 수 없으며 예방이 무엇보다 중요하다. 각국에서는 해양 쓰레기 발생을 줄이기 위해 플라스틱 사용 제한, 재활용 의무화, 선박의 폐기물 배출 규제 등의 법적 조치를 강화하고 있다. 또한 해양 오염의 심각성을 알리고 시민들의 참여를 독려하는 교육 캠페인도 활발히 진행되고 있다.

바다는 한 번 더러워지면 되돌리기까지 오랜 시간이 걸리는 공간이다. 그렇기에 바다를 청소하는 일은 거대한 청소선과 로봇이 하는 작업뿐 아니라, 육지에서 쓰레기를 줄이고 하천과 하수로 흘러가는 오염원을 통제하는 일까지 포함하는 긴 흐름으로 이해해야 한다. 도시의 도로에서 시작된 한 조각의 비닐이 강을 타고 바다로 들어가는 순간, 그 물질은 더 이상 한 도시의 문제가 아니게 된다. 바다를 지키는 과학은 이 흐름을 거꾸로 따라 올라가 어디에서, 무엇을, 어떻게 바꾸어야 할지 묻는 거대한 역추적의 기술이기도 하다.

쓰레기 섬

흔히 쓰레기 더미라 하면 육지에서 쓰레기가 산처럼 쌓여 있는 풍경을 떠올리지만 바다에도 거대한 쓰레기 더미가 존재한다. 태평양 한가운데에는 '태평양 거대 쓰레기 지대GPGP, Great Pacific Garbage Patch'라는 초대형 쓰레기 섬이 형성되어 있으며, 이는 세계적인 해양 오염 문제의 대표적인 사례로 꼽힌다. 이 거대한 쓰레기 더미는 해류가 만들어낸 와류vortex에 의해 형성되었으며, 일종의 자정 작용으로 지구가 스스로 쓰레기를 한 곳으로 모아놓은 것과 같다. 하지만 문제는 이러한 쓰레기들이 자연적으로 쉽게 분해되지 않는 플라스틱 폐기물이라는 점이며, 이로 인해 해양 생태계에 심각한 위협이 되고 있다.

태평양 거대 쓰레기 지대는 미국의 해양탐험가 찰스 무어Charles Moore가 1997년 발견한 이후, 전 세계적으로 해양 플라스틱 오염의 심각성을 알리는 중요한 사례가 되었다. 이곳에는 미세 플라스틱부터 버려진 어망, 플라스틱 병, 포장재, 산업 폐기물 등이 모여 있으며, 그 면적은 한반도의 약 7배에 이를 정도로 거대하다. 쓰레기들은 북태평양 환류라는 해류 시스템에 의해 지속적으로 휩쓸려 모이면서 점점 더 커지고 있으며, 플라스틱이 미세한 조각으로 부서지면서 해양 생물들이 이를

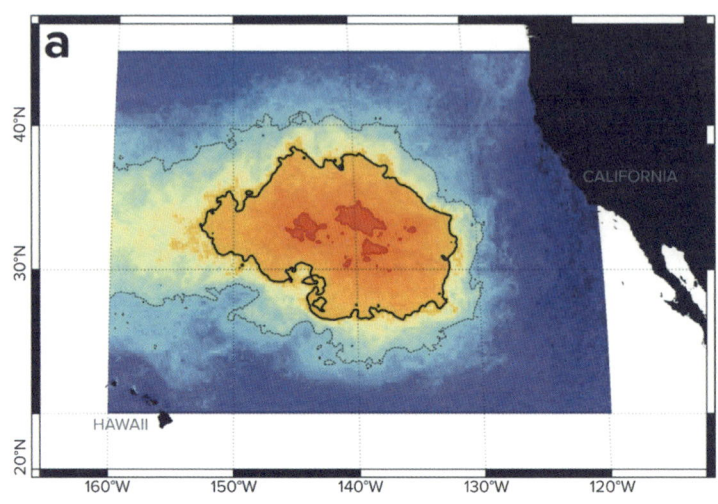

해류에 의해 점점 거대해지는 바다 위의 쓰레기 섬 GPGP. 하와이(좌측 하단), 캘리포니아(우측)와의 크기 비교

먹이로 착각해 섭취하는 문제도 발생하고 있다. 이러한 미세 플라스틱은 결국 인간의 식탁까지 도달할 수 있어 심각한 환경 및 건강상의 위협 요소가 된다.

이러한 문제를 해결하기 위해 과학자들과 환경 단체들은 쓰레기를 효율적으로 수거할 수 있는 기술을 개발하고 있다. 대표적인 방법으로 대형 U자형 그물 시스템을 활용한 해양 쓰레기 수거 프로젝트가 진행 중이다. 이는 두 척의 선박이 대형 그물을 펼쳐 바다 위를 이동하며 플라스틱을 포획하는 방식으로 해류를 따라 떠다니는 플라스틱 쓰레기를 효과적으로 제거할 수 있다. 이 기술은 'The Ocean Cleanup'이라는 글로벌 환경 프로젝트에서 적극적으로 개발되고 있으며, 실제로 실험적인 청소 작전이 진행되기도 했다. 또한 해양 쓰레기 제거를 위해 자율주행 선박과 로봇 기술을 도입하는 시도도 이루어지고 있으며, 해저에 가라앉은 플라스틱 쓰레기를 수거하는 기술도 연구되고 있다.

바다는 깨끗한 물과 풍부한 생태계를 제공하는 소중한 환경이지만 인간의 무분별한 배출로 점점 오염되어 가고 있다. 결국 바다를 지키는 일은 생산과 소비의 전 과정에서 환경을 고려하는 노력으로 완성된다.

해양 기름 유출

바다 기름 유출 사고는 해양 생태계에 치명적인 영향을 미치는 환경 재난 중 하나다. 역사적으로 여러 차례 대규모 기름 유출이 발생했으며, 이로 인해 바다와 해안선이 오염되고 해양 생물과 지역 사회에 막대한 피해를 초래하였다.

대표적인 사례로는 1991년 걸프전 유출, 2010년 멕시코만 딥워터 호라이즌 사고, 2007년 태안 기름 유출 등이 있다. 걸프전 당시 이라크군이 전략적으로 원유 저장소를 파괴하며 발생한 유출은 역사상 가장 큰 규모의 원유 유출 사고 중 하나로 해양과 해안 생태계에 심각한 타격을 입혔다. 또한 멕시코만 딥워터 호라이즌 사고는 에너지 기업 British Petroleum이 운영하던 심해 시추 시설에서 발생한 폭발로 인해 약 490만 배럴의 원유가 바다로 유출되며, 최악의 해양 기름 오염 사고로 기록되었다. 한국의 태안 기름 유출 사고 역시 유조선과 예인선의 충돌로 인해 약 1만 2천 배럴의 원유가 유출되며 해양 환경 파괴의 대표적 사례로 남게 되었다.

이러한 사고들은 해양 생물의 폐사, 해안 생태계 파괴, 어업 및 관광업의 붕괴 등 다양한 부정적인 영향을 초래하며, 사고 이후 수십 년간 복구 작업이 지속되기도 한다.

기름 유출 사고가 발생했을 때, 이를 효과적으로 제거하고 피해를 최소화하기 위해 다양한 과학적 해결 방안이 활용된다. 물리적 대응 방법으로는 오일 펜스, 펌프, 그리고 쌍동선이 사용된다. 오일 펜스는 유출된 기름이 해류를 따라 확산되는 것을 막는 부유식 차단막으로 기름을 한곳에 모으는 역할을 한다. 이렇게 모인 기름은 펌프를 이용해 해수 표면에서 흡입 및 이송되며, 저장 탱크로 옮겨져 처리된다. 또한 두 개의 선체를 갑판 위에서 연결한 쌍동선 catamaran 은 기름과 물을 분리하여 효율적으로 기름을 회수하는 장비로 활용된다.

화학적 방법으로는 분산제 dispersants 를 사용하는데, 이는 기름을 매우 작은 방울로 쪼개어 물속으로 자연스럽게 흩어 퍼지게 한다. 이렇게 작아진 기름 방울은 바다 속 미생물이 분해하기 훨씬 수월해져 자연 정화 과정이 빨라진다. 그러나 화학적 방법은 해양 생태계에 장기적인 영향을 미칠 수 있어 신중한 사용이 요구된다. 생물학적 방법으로는 석유를 분해하는 박테리아 Oil-eating Bacteria 를 이용하여 기름을 자연적으로 분해하는 방식이 연구되고 있다. 이러한 박테리아는 원유 속 탄화수소를 에너지원으로 사용하여 기름을 분해하며, 시간이 걸리지만 환경적으로 가장 친화적인 복원 방법으로 평가된다.

이러한 기름 제거 기술들은 사고의 규모와 환경 조건에 따라 적절히 조합하여 활용된다. 하지만 과거 여러 사고를 겪으며 기술만으로는 광범위한 해양 오염을 완전히 막기 어렵다는 사실이 드러났다. 이에 따라 국제 사회는 재난 발생 시 신속한 대응과 기술 공유를 위한 협력 체계 구축의 중요성을 인식하게 되었으며, 해양 오염 방지를 위한 국제 협력과 기술 개발의 필요성이 한층 더 강조되었다. 기름 유출 사고는 예측하기 어려운 환경 재난이지만 과학적 연구와 기술 발전을 통해 보다 효과적인 대응 방안이 마련되고 있으며 궁극적으로는 사고 예방이 무엇보다 중요한 과제임을 시사한다.

녹조 청소 로봇

강과 호수의 녹조 algae bloom 는 한 번 발생하면 주변 생태계를 무너뜨릴 수 있기에 꼭 필요한 청소 대상이다. 미세한 조류가 과도하게 번식하면서 물이 녹색으로 변하는 이 현상은 따뜻한 기온, 풍부한 영양 염류, 정체된 수역 등 특정 조건이 겹칠 때 폭발적으로 일어난다. 문제는 이러한 녹조가 수중 산소 농도를 급격히 떨어뜨려 어류와 수생 생물을 폐사시키고, 일부 종은 독성 물질을 방출해 인체에도 위험을 초래한다는 점이다. 농업 배수, 산업 폐수, 생활 하수에 포함된 질소와 인이 물속으로 흘러들면서 조류의 과잉 성장에 연료가 공급되고, 물의 흐름이 멈추면 조류가 가라앉지 못한 채 수역 전체를 뒤덮는다. 결국 녹조는 물리적 청소만으로는 해결이 어려운 복합 오염 현상으로, 보다 정교한 기술적 접근이 필요하다.

기존의 방법으로는 화학적 응집제를 이용해 조류를 침전시키거나 물리적으로 스키머 skimmer 를 사용해 조류를 제거하는 방식이 있다. 그러나 이러한 방식은 반복적인 관리가 필요하고 일부는 환경에 부정적인 영향을 미칠 수 있다. 이에 따라 최근에는 인공지능과 로봇 기술을 결합한 자율형 녹조 제거 로봇이 도입되고 있다.

녹조 제거 로봇은 크게 물리적 수거형, 자외선 살균형, 초음파 방출형 등의 방식으로 작동한다. 물리적 수거형 로봇은 물 위를 이동하며 표면에 떠 있는 녹조를 흡입하여 수거한 뒤 이를 필터링하여 정화된 물을 다시 방류하는 방식으로 작동한다. 일부 로봇은 스키머 및 필터 시스템을 갖추고 있어 물속 부유물을 효과적으로 제거할 수 있다. 자외선 살균형 로봇은 특정 파장의 자외선을 방출하여 조류의 광합성을 방해하고 증식을 억제하는 방식으로 작동한다. 이 방식은 화학 물질을 사용하지 않으면서도 조류의 생장 속도를 낮출 수 있는 장점이 있다. 초음파 방출형 로봇은 조류 세포의 막을 교란하는 특정 주파수의 초음파를 방출하여 조류를 자연적으로 사멸시키는 기술을 적용하고 있다. 이러한 방법은 주변 생태계에 미치는 영향을 최소화하면서도 장기적으로 효과적인 녹조 관리가 가능하도록 설계된다.

또한 녹조 제거 로봇은 유체역학의 원리를 활용하여 효율적으로 작동한다. 물속의 흐름과 유속을 고려해 로봇이 최적의 경로를 따라 이동하도록 프로그래밍되며, 일부 로봇은 GPS 및 인공지능 알고리즘을 통해 실시간으로 오염 상태를 분석하고 자율적으로 이동할 수 있다. 이러한 시스템을 통해 녹조 제거 로봇은 지속적으로 강과 호수를 모니터링하고 문제 발생 시 신속하게 대응할 수 있는 유용한 도구가 되고 있다.

핵폐기물 처리

　핵폐기물 처리는 방사성 물질의 안전한 관리와 장기적인 보관을 포함하는 고도의 과학적, 기술적, 윤리적 해결책이 필요한 과정이다. 원자력 발전소, 연구소, 병원 등에서 발생하는 방사성 폐기물은 강한 방사선을 방출하며 유해성이 오랜 기간 동안 지속되면 환경과 인체에 심각한 영향을 미칠 수 있다. 핵폐기물은 방사선 강도와 반감기에 따라 저준위, 중준위, 고준위 폐기물로 분류되며, 각각에 맞는 처리 방식이 적용된다.

　저준위 폐기물은 방사선 수준이 비교적 낮아 특수한 용기에 보관한 후 소각하거나 안전한 매립지에 처분된다. 중준위 폐기물은 방사선 차폐가 필수적이며 콘크리트 용기나 지하 격리 시설에 저장된다. 반면 고준위 폐기물은 가장 위험한 방사성 물질을 포함하고 있어 장기적인 격리와 보관이 필요하다. 이를 위해 심층 지하 저장소가 활용되며 지질학적으로 안정된 지역에 깊이 묻어 방사선이 외부로 유출되지 않도록 한다. 일부 국가에서는 사용 후 핵연료를 재처리하여 유용한 방사성 원소를 추출하고 나머지를 다시 연료로 활용하는 기술을 도입하고 있다.

　핵폐기물을 지구에서 완전히 제거하는 방법으로 우주로 보내는 방안이 논의된 적도 있다. 이론적으로는 가능하지만 현실적으로는 해결해야 할 문제가 매우 많다. 핵폐기물을 지구 밖으로 운송하려면 로켓을 이용해야 하는데, 발사 중 사고가 발생할 경우 방사성 물질이 대기 중으로 확산되면서 대규모 환경 재앙이 발생할 가능성이 크다. 또한 방사성 폐기물을 우주로 보내는 데 드는 비용이 엄청나기 때문에 이를 감당하기에는 경제성이 부족하다. 설령 우주로 보낸다고 해도 궤도에 남을 경우 이는 또 다른 우주 쓰레기가 될 수 있다. 이러한 이유로 핵폐기물을 우주로 보내는 방안은 실현 가능성이 낮고 오히려 지구에서 안전하게 관리하는 것이 더 현실적인 대안으로 여겨진다.

    핵폐기물 문제를 해결하기 위한 연구는 현재도 활발히 진행되고 있으며, 몇 가지 유망한 기술이 제안되고 있다. 그중 하나가 핵변환 기술로 방사성 물질을 보다 안정적인 원소로 변환해 방사선 강도를 낮추는 방법이다. 이 기술이 실용화된다면 핵폐기물의 반감기를 획기적으로 줄일 수 있을 것으로 기대된다. 또한 차세대 원자로 기술을 활용해 기존의 폐기물을 다시 연료로 사용할 수 있는 방안도 연구 중이다. 이 기술이 발전하면 핵폐기물의 양을 크게 줄일 수 있을 뿐만 아니라 원자력 에너지의 지속 가능성도 높아질 것이다.

지구 너머 우주를 청소하다

밤하늘의 아름다운 별을 바라보며 상상만 해도 인상 찌푸려지는 쓰레기를 떠올리기는 쉽지 않다. 하지만 별처럼 보이는 물체 중 일부는 안타깝게도 언젠가 우주 쓰레기 space debris 가 될 확률이 높다. 인공위성의 수명은 크기에 따라 차이가 있는데, 100kg 이하의 소형은 약 5년, 중형은 5~10년, 대형은 15~20년 정도다. 현대 과학 기술의 상징인 인공위성도 수명을 다하면 여느 전자 제품과 마찬가지로 쓰레기에 불과하다.

1957년 10월 소련이 쏘아 올린 인류 최초의 인공위성 '스푸트니크 Sputnik 1호' 이후 수십 년간 세계 각국은 인공위성을 경쟁적으로 제작하여 우주로 보냈다. 우리나라도 1992년 '우리별 1호'로 그 대열에 합류하였다. 2023년 한 해 세계적으로 무려 2,917기의 인공위성이 발사되었으며, 이는 10년 전과 비교하여 10배 정도 늘어난 수치다. 이는 우주 산업에 관심이 많은 민간 기업들이 주도하고 있으며, 심지어 이제는 개인도 인공위성을 쏘는 시대가 도래하였다.

현재 1만 개 넘는 인공위성이 수백에서 수만 킬로미터 상공에 떠다닌다. 그리고 1년에 수천 개의 인공위성이 추가되고 있다. 그 이유는 지구 상공을 끊임없이 돌고 있는 수많은 인공위성이 우리의 삶을 획기적으로 바꾸어 놓았기 때문이다. 군사 위성은 핵실험, 미사일 등을 감시하고, 기상 위성은 비, 태풍들을 관찰하여 날씨 예측에 결정적인 역할을 한다. 또한 방송 위성을 통해 지구 반대편에서 벌어지는 축구 경기를 실시간으로 볼 수 있으며, 항법 위성은 GPS로 정확한 위치 정보를 제공한다. 우리는 인공위성 없는 세상은 상상할 수 없는 시대에 살고 있다.

하지만 심각한 문제는 고장나거나 수명을 다한 인공위성과 그 부품들이 우주를 떠도는 쓰레기로 변한다는 점이다. 인공위성은 최첨단 기술의 집약체이지만 가혹한 환경에 놓여 있기 때문에 언제든지 폭발할 수 있는 위험물이다. 우주는 기본적으로 극도의 저온 상태인데, 인공위성이 햇빛을 향할 때의 온도는 120℃이고 태양이 없을 때는 영하 180℃까지 떨어진다. 대기층이 있어 온도의 급격한 상승과 하강을 막아주는 지구와 달리 대기가 없는 우주 환경에 놓인 인공위성은 온도 차이에 취약할 수밖에 없다. 또한 인공위성은 태양 전지판을 이용하여 자체적으로 전력을 생산, 저장, 공급하지만 이 장비가 고장나면 무용지물이다.

이러한 이유로 현재 정상 작동하는 인공위성은 전체의 절반 정도에 불과하며 나머지는 모두 쓰레기와 다를 바 없다. 그리고 우주 물체들은 서로 충돌하면서 새로운 파편을 만들어내고, 이로 인해 우주 쓰레기의 양은 선형이 아니라 기하급수

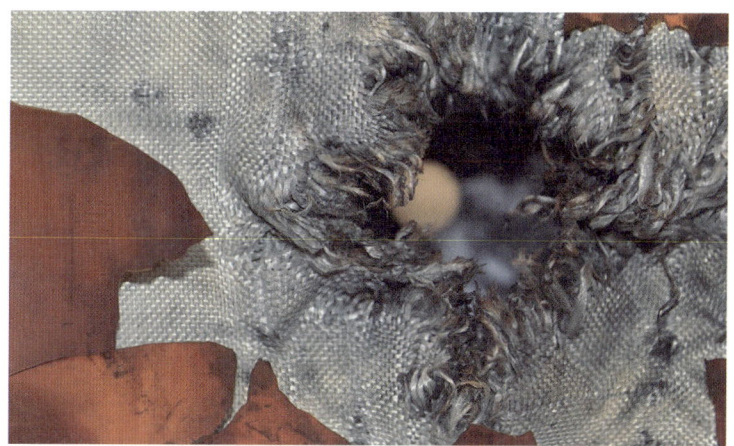
우주 쓰레기 충돌 시 파괴력 테스트

적으로 증가한다. 충돌로 인해 잔해의 개수가 늘어나면 확률적으로 충돌 회수도 많아지고 다시 잔해가 늘어나는 악순환에 빠지기 때문이다.

　우주 쓰레기가 충돌할 때 발생하는 파괴력은 지상과 비교할 수 없을 정도로 크다. 고도 수백에서 수천 킬로미터에 위치한 저궤도 인공위성은 초속 약 7km로, 총알보다 몇 배나 빠른 물체들이 맹렬한 속도로 지구 주변을 맴도는 셈이다. 만일 자그마한 너트가 인공위성의 외관에 충돌하면 수십 센티 깊이의 홈이 움푹 파이기도 한다. 이는 볼링공이 시속 200km로 날아와 부딪치는 것과 비슷한 정도의 충격량이다. 충격량은 운동량의 변화로 계산되며, 운동량은 질량과 속도의 곱으로 표현

되기 때문에 질량이 작아도 속도가 매우 빠르면 큰 운동량을 갖는다. 실제로 1983년 우주왕복선 챌린저호에 부딪힌 0.1mm 크기의 페인트 조각은 유리창에 5mm 직경의 구멍을 만들었다. 이렇게 강력한 힘은 우주 물체를 산산조각 내고 부서진 잔해는 또다시 다른 인공위성을 위협한다.

이처럼 우주 쓰레기가 지구 주변을 둘러싸면 향후 인공위성, 로켓, 우주 왕복선을 우주로 보내기 힘든 상황이 벌어진다. 이는 결국 '인류를 위한 감옥'이 되고 우리는 영영 지구 밖으로 탈출하지 못할 수 있다. 또한 우주 쓰레기 중 일부가 지구로 떨어지면 심각한 재난이 발생한다. 평균적으로 1년에 400여 개의 인공 우주 물체가 추락하니 매일 하나씩 지구로 떨어지는 셈이다. 1톤보다 작은 소형 물체는 지구로 떨어지며 연소되어 다행히 공중에서 사라지지만 수 톤의 물체가 시속 수십, 수백 킬로미터로 떨어지면 지상에 어마어마한 규모의 폭탄이 터지는 것과 같다.

대표적인 사례가 2018년 전 세계를 떠들썩하게 했던 중국의 우주 정거장 톈궁 1호의 추락이다. 갑자기 통신을 멈춘 톈궁 1호의 고도가 낮아지자 위험 경보가 발동하였고 각국은 추락 시점과 위치 분석에 몰두하였다. 미국항공우주국, 유럽우주기구, 일본우주항공연구개발기구, 한국천문연구원 등은 실시간으로 분석 자료를 발표하였으며 추락 시점이 다가오자 긴

장감이 고조되었다. 최종적으로는 예측한대로 남태평양에 떨어지며 인명 피해는 없었지만 인류가 쏘아 올린 우주 물체가 언제든 다시 우리를 위협할 수 있다는 사실에 경각심을 갖게 된 중요한 사건이었다.[30]

이처럼 인류를 위해 우주로 쏘아 올린 인공위성이 고장나서 제 역할을 하지 못하고 지구로 추락하면 이는 '누워서 침 뱉기'와 같다. 하지만 지금까지는 인공위성의 발사에만 신경을 썼지 잔해물의 처리에는 관심이 없었다. 일명 공유지의 비극 tragedy of the commons 이다. 1968년 미국의 생물학자 개릿 하딘 Garrett Hardin 은 공유지의 희귀한 공유 자원은 어떤 공동의 강제적 규칙이 없다면 많은 이들의 무임승차 때문에 결국 파괴된다는 사실을 지적했다. 즉 공유 자원은 자유롭게 이용해야 한다고 믿는 사회에서 각 개인이 자신의 최대 이익만을 추구할 때 도달하는 곳은 결국 파멸이라는 의미다. 우주 쓰레기는 일반 쓰레기와 달리 당장 눈 앞에 보이지 않아 심각성을 제대로 파악하지 못하지만 이대로 방치했다가는 인류에 크나큰 재앙으로 되돌아올 확률이 높다.

미국 NASA 소속의 우주과학자 도널드 케슬러 Donald Kessler 는 1978년에 인공위성이 충돌을 반복해 그 잔해들이 지구를 감싸 인류는 지구에 갇히고 그동안 발사한 인공위성마저 제대로 활용할 수 없는 지경에 이를 것이라 경고하였다. 이른바 케

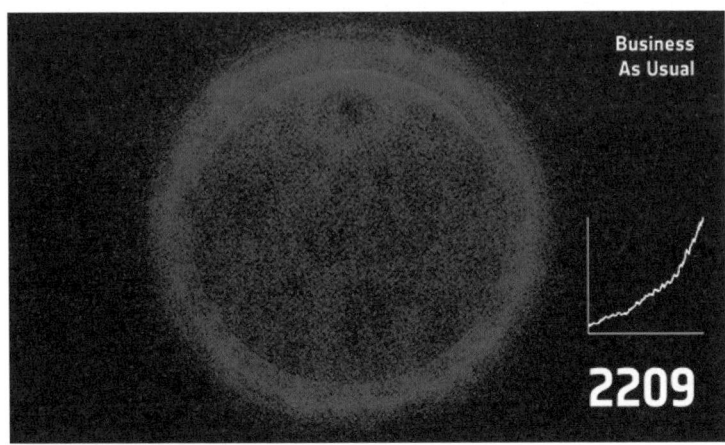

저궤도 주변을 둘러싼 인공위성 잔해와 파편을 시뮬레이션한 이미지. 우주 활동이 현재 추세대로 지속될 경우 2209년까지 파편 밀도가 폭발적으로 증가한다는 예측을 담고 있다.

슬러 신드롬Kessler syndrome으로, 이는 전 세계적으로 우주 쓰레기를 적극적으로 처리해야 한다는 문제 의식을 확산시켰다.

이후 우주 쓰레기를 청소하려는 각국의 노력이 계속되고 있다. 우선 길거리 CCTV로 쓰레기 투척을 감시하듯 망원경으로 우주 쓰레기도 감시한다. 미국 합동우주사령부 연합우주작전센터(www.space-track.org)는 상대적으로 충돌 위험성이 큰 지름 10cm 이상의 인공 우주 물체에 번호와 이름을 붙여 관리하고 있다. 지금까지 번호를 붙인 5만여 개의 물체 중 절반은 지구로 추락하였으며, 나머지 중 10%만 정상 작동 중인 인공위성이다. 다시 말해 90%는 의미 없는 우주 쓰레기일 뿐이다.

또한 단순히 관리에 머무르지 않고 잔해를 하나씩 제거하는 우주 청소도 다양한 방식으로 시도 중이다. 우주 청소는 심해, 고산 지역의 청소와 비교할 수 없을 정도로 어렵다. 우주는 공기가 거의 없어 공기 저항이 매우 미미하므로 한 번 움직이기 시작한 물체는 감속 없이 고속으로 이동한다. 따라서 이러한 물체를 낚거나 포획하기가 매우 어렵다. 그리고 사실상 중력이 거의 작용하지 않아 먼지처럼 가라앉지 않으므로 억지로 지구로 끌어내려야 한다. 이러한 제어의 어려움으로 인해 자칫 잘못하면 청소를 시도하다가 청소기 자체가 되려 쓰레기가 되는 최악의 상황이 발생할 수 있다.

우주 쓰레기를 어디로 보낼 것인가에 대해 두 가지 답안이 존재한다. 첫째는 우주 쓰레기를 지구 대기권으로 재진입시켜 완전히 연소시키거나 연소되지 않은 잔해를 사막이나 심해 등 인적이 드문 지역으로 유도 낙하시켜 안전하게 처리하는 방식이다. 이때 대표적인 낙하 지점으로 꼽히는 곳이 바로 포인트 니모 Point Nemo다. 포인트 니모는 남태평양 한가운데 위치한 지구상에서 가장 고립된 지점으로 주변에 생명체가 거의 없고 가장 가까운 육지인 칠레의 이스터섬과도 약 2,700km 떨어져 있다. 이러한 특성 때문에 우주 쓰레기를 안전하게 추락시킬 수 있는 이상적인 장소로 이용되며, 지금까지 수백 대의 인공위성이 이 지역에 수장되었다.

2021년 일본 우주 스타트업 아스트로스케일 Astroscale은 세계 최초의 청소 위성 'ELSA-d'를 발사하였다. 'ELSA-d'는 초강력 자석을 이용하여 금속 성분의 파편을 제거하는 실험을 진행하였다. 일련의 실험을 통해 우주 쓰레기의 물리적 포획 및 제거 기술의 실현 가능성을 입증한 것이다. 일본의 통신위성 기업 스카파 JSAT는 우주 쓰레기에 레이저를 쏘아 궤도에서 떨어뜨리는 기술을 개발하고 있다. 소형 인공위성이 수십 미터 이상 떨어진 곳에서 레이저를 쏴 우주 쓰레기 표면을 기화시키는 방법으로 원하는 곳에 이동시킨 뒤 대기권 진입을 유도해 태우는 방식이다. 한편 한국항공우주연구원에서는 2027년을 목표로 대상 위성에 접근한 뒤 로봇 팔로 붙잡아 대기권으로 진입해 자연 소각하는 초소형의 포집 위성 개발을 추진 중이다. 수명이 다 된 800km 궤도를 돌고 있는 '우리별 2호' 처리가 목표다.

우주 쓰레기를 처리하는 두 번째 방안은 지구 대기권으로 떨어뜨려 태워 없애는 대신 오히려 지구로부터 더 멀리 떨어진 궤도, 즉 무덤 궤도 graveyard orbit 또는 폐기 궤도 junk orbit로 이동시키는 방법이다. 이 방식은 특히 정지 궤도에 위치한 위성에 주로 적용된다. 정지 궤도는 고도 약 36,000km로 통신, 기상, 방송 위성이 집중되어 있는데, 이 궤도에서 충돌이 발생하면 막대한 피해를 초래할 수 있기 때문이다. 따라서 수명이

다한 위성은 정지 궤도보다 약 300~500km 더 높은 곳으로 이동시켜 현역 위성의 운행에 방해되지 않도록 한다.

무덤 궤도로 이동시키는 방식은 지구 대기권으로 진입시켜 태우는 방법에 비해 훨씬 적은 에너지가 필요하다는 장점이 있다. 대기권 진입에는 수 km/s의 큰 감속이 요구되지만 무덤 궤도로의 이동은 단지 수십 m/s 수준의 미세한 추진력만으로도 가능하다. 또한 지구 대기와의 마찰 위험이 없어 제어가 용이하고 위성이 스스로 남은 연료나 전력을 이용해 이동할 수 있다는 실용적 이점도 있다.

2021년 중국은 '스젠 21호' 청소 위성을 발사해 이러한 기술을 실제로 시연하였다. 스젠 21호는 고장 난 '베이두-2 G2' 항법 위성에 접근하여 포획한 뒤, 이를 무덤 궤도로 안전하게 이동시키는 데 성공했다. 이 실험은 비활성 위성을 제어하여 폐기 궤도로 옮길 수 있다는 점을 세계 최초로 입증한 사례로 평가받는다.

향후에는 인공위성이 수명이 다하기 전에 남은 연료나 전력을 이용해 스스로 무덤 궤도로 이주하도록 설계하는 기술이 표준화될 전망이다. 국제전기통신연합(ITU)과 유럽우주국(ESA) 등은 이미 위성 운영자들에게 운용 종료 후 무덤 궤도 이주 계획 end-of-life disposal plan 을 의무적으로 제출하도록 권고하고 있으며, 일부 상업 위성은 자동 이주 모드 기능을 탑재하기 시작했다. 이처럼 무덤 궤도 활용은 우주 쓰레기의 즉각적인 제거는 아니지만 활성 궤도에서의 충돌 위험을 줄이고 우주 환경의 지속 가능성을 높이는 현실적인 해결책으로 주목받고 있다.

  집 안의 먼지를 쓸어내듯 인류는 이제 지구 밖 우주 공간의 청소에도 눈을 돌리고 있다. 수명이 다한 위성, 파손된 로켓 잔해 그리고 미세한 금속 파편까지, 우주 쓰레기는 우리 눈에 보이지 않지만 지구를 위협하는 심각한 문제다. 이를 해결하기 위해 각국의 과학자와 연구 기관들은 자석 포획, 레이저 기화, 로봇팔 회수, 무덤 궤도 이주 등 다양한 기술을 개발하며 협력의 장을 넓혀가고 있다. 작은 집 안의 청소가 쾌적한 생활을 위한 기본이듯 우주 청소는 인류의 지속 가능한 미래 탐사를 위한 필수 과제다. 깨끗한 우주를 만드는 노력은 결국 지구의 청결과 안전으로 이어진다는 점에서 그 의미는 결코 작지 않다.

청소의 미래
—
예술과 기술 사이

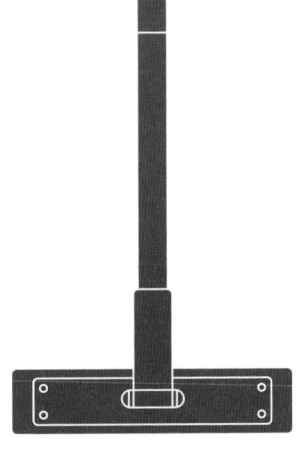

업사이클링 아트

　청소는 공간을 정리하고 오염을 제거하는 행위에 그치지 않고 자원을 재사용하고 환경을 보호하는 중요한 과정으로 변화하고 있다. 현대 사회에서 쓰레기를 모두 폐기하는 것이 아니라 새로운 가치로 전환하는 개념이 주목받고 있으며, 이러한 변화 속에서 등장한 것이 바로 업사이클링 아트 upcycling art 다. 버려진 폐기물을 활용하여 새로운 예술 작품을 창조하는 이 과정은 재활용을 넘어 쓰레기에 더 높은 가치를 부여하는 개념이다. 청소의 미래는 단순히 쓰레기를 제거하는 데 그치지 않고, 이를 창의적으로 활용하여 환경 문제를 해결하고 예술적 가치를 만들어내는 방향으로 나아가고 있다.

버려진 물건에 새 숨결을 불어넣어 예술 작품으로 재탄생시키는 업사이클링 아트

　이러한 업사이클링 아트의 과정에는 과학적 원리도 중요한 역할을 한다. 재료 과학의 관점에서 보면 플라스틱, 금속, 유리, 천 등의 물질은 원래의 용도와는 다른 형태로 가공될 수 있다. 예를 들어 버려진 플라스틱 병은 열과 압력을 가하여 성형하면 새로운 조형물로 변신할 수 있으며, 금속 캔을 절단하고 용접하면 전혀 다른 형태의 작품이 탄생할 수 있다. 이는 물질의 물리적 성질을 변화시키는 과정으로 형태 변형, 용해, 접합 등의 과학적 기술이 필요하다.

　화학적 원리 또한 업사이클링 아트에서 중요한 요소다. 오래된 종이나 섬유는 화학 처리를 통해 새로운 질감을 가진 예술 재료로 변환될 수 있으며, 산화 반응을 이용해 금속을 녹슬게 하여 독특한 색감을 표현하는 방식도 활용된다. 또한 버려진 유리병을 고온에서 녹여 재구성하는 과정에는 열역학과 유리의 점성 변화에 대한 이해가 필요하다. 여기에 환경 생물학의 개념까지 접목되면 더욱 흥미로운 방식으로 업사이클링이 가능해진다. 일부 예술가들은 미생물을 활용하여 자연적으로 색을 변화시키거나 생분해성 소재를 이용해 시간이 지나면서 형태가 변하는 작품을 만들기도 한다. 이를 통해 쓰레기는 버려진 폐기물이 아니라 지속적으로 변화할 수 있는 재료가 될 수 있음을 보여준다.

이처럼 과학적 원리를 바탕으로 한 업사이클링 아트는 다양한 방식으로 구현될 수 있다. 버려진 금속 조각을 용접하여 조각 작품을 만들거나 자동차 폐기물로 거대한 동물 조형물을 제작하는 사례는 이미 전 세계적으로 확산되고 있다. 플라스틱 조각을 조합하여 벽화를 완성하는 프로젝트, 전자 부품을 활용한 사이버펑크 조각상, 종이 폐기물을 이용한 공예품 등도 업사이클링 아트의 일부다. 특히 해양 오염 문제를 해결하기 위해 바다에서 수거된 플라스틱 쓰레기를 활용하는 프로젝트도 많다. 'Washed Ashore' 프로젝트는 바다에서 건져 올린 플라스틱 쓰레기로 거대한 해양 생물 조형물을 제작하여 해양 오염 문제에 대한 경각심을 일깨우는 작품을 전시하고 있다.

최근에는 3D 프린팅 기술과 결합하면서 업사이클링 아트는 더욱 정밀하고 효율적으로 발전하고 있다. 폐플라스틱을 잘게 부수어 3D 프린터용 필라멘트로 가공한 뒤 이를 이용해 건축 자재나 예술 작품을 제작하는 방식이 연구되고 있다. 이 과정에서는 플라스틱의 분자 구조 변화와 재가공성에 대한 깊은 이해가 필요하며 이를 통해 보다 정교한 작품이 탄생할 수 있다.

최근 업사이클링 아트는 예술 활동을 넘어 지속 가능한 사회를 위한 중요한 도구로 자리 잡고 있다. 도시 곳곳에서 예술과 환경 보호가 결합된 공공 예술 프로젝트가 진행되며 업사이클링 아트를 통해 환경 문제를 직접적으로 해결하는 동시에 대중의 인식을 변화시키는 데 기여하고 있다. 또한 기업들도 업사이클링 디자인을 제품에 적용하면서 폐기물을 줄이고 새로운 소비 문화를 형성하는 데 힘쓰고 있다. 신발 브랜드가 폐어망으로 운동화를 만들거나 패션 브랜드가 버려진 직물로 의류를 제작하는 사례는 업사이클링의 가치를 경제적으로도 실현하는 대표적인 방식이다.

과학적 기술과 예술적 감각이 결합된 업사이클링 아트는 지속 가능한 환경을 조성하면서도 창의적인 해결책을 제시하는 중요한 움직임이다. 쓰레기가 새로운 예술과 혁신의 원천이 될 수 있다는 점에서 우리는 업사이클링 아트를 통해 보다 깨끗하고 창의적인 미래를 만들어갈 수 있을 것이다.

기술이 이끄는 미래의 청소

　청소는 단순 노동으로 여겨지던 기존 관념과 달리 환경 보호와 위생 관리 그리고 기술적 발전과 함께 지속적으로 진화하고 있다. 오늘날 우리는 자율 청소 로봇, 인공지능 기반 관리 시스템, 친환경 청소 기술 등 첨단 과학이 접목된 혁신적인 청소 방식과 마주하고 있으며 미래에는 더욱 정교한 기술이 우리의 생활 환경을 보다 깨끗하고 효율적으로 유지하는 데 기여할 것이다.

　청소 기술의 발전에서 가장 두드러지는 것은 자율 청소 로봇의 도입이다. 기존의 수동적인 청소 방식에서 벗어나 인공지능과 센서 기술이 접목된 청소 로봇이 점점 더 정교해지고 있다. 바닥을 청소하는 로봇 청소기는 이미 가정에서 널리 사용되고 있으며, 대형 건물과 공공시설에서는 자율 주행이 가능한 청소 기계가 등장하여 넓은 공간을 효율적으로 관리하고 있다. 이러한 로봇들은 실시간 공간 스캐닝, 장애물 회피, 최적의 경로 탐색 등의 기능을 통해 스스로 청소 계획을 세우고 수행하며 클라우드 기반의 데이터 분석을 통해 점점 더 효율적인 청소 패턴을 학습하고 있다.

　청소 기술의 발전은 바닥을 청소하는 로봇에만 머무르지 않는다. 고층 건물의 외벽 청소, 태양광 패널의 유지 보수, 대기 중 미세 먼지 제거와 같은 영역에서도 드론과 로봇 기술이 적극적으로 활용되고 있다. 특히 청소 드론은 사람이 접근하기 어려운 위치에서 창문이나 벽면을 자동으로 세척하며 물 사용량을 절감할 수 있는 분무 시스템을 적용하여 보다 친환경적인 청소 방식을 제공한다. 이러한 드론들은 스마트 센서를 통해 오염도를 분석하고 필요한 만큼의 세정액을 분사하여 낭비를 줄이는 데 기여한다.

청소 기술이 발전하면서 환경 보호에 대한 요구도 점점 더 커지고 있다. 기존의 화학 세정제는 인체와 환경에 유해한 영향을 미칠 수 있어 이를 대체할 수 있는 생분해성 청소제와 친환경 청소 기술이 각광받고 있다. 예를 들어 미세 거품을 활용한 청소 시스템은 강력한 물리적 작용을 통해 오염을 제거하면서도 화학 물질을 최소화하는 방식으로 작동하며 자외선 살균 기술은 화학 물질 없이도 세균과 바이러스를 제거할 수 있는 대체 수단으로 떠오르고 있다. 이러한 기술들은 병원, 공항, 공공시설 등 위생 관리가 중요한 장소에서 특히 유용하게 사용될 것이다.

뿐만 아니라 사물 인터넷과 빅데이터 분석을 활용한 청소 최적화 시스템도 주목받고 있다. 이 시스템은 센서를 통해 공기 중 오염 물질을 실시간으로 감지하고 바닥의 오염 정도를 분석하여 청소가 필요한 구역을 자동으로 식별한다. 그 결과 불필요한 청소를 줄여 효율적인 청소 일정 관리가 가능해졌다.

미래의 청소 기술이 실내 공간에 국한되는 것은 아니다. 오늘날 청소는 건물 단위를 넘어 도로, 해양, 우주와 같은 광범위한 환경에서도 첨단 기술이 적용되고 있다. 도로에서는 자율 주행 도로 청소 차량이 교통 흐름을 방해하지 않으면서도 먼지와 쓰레기를 효율적으로 제거하고 있으며 해양에서는 바다 쓰레기 수거 로봇과 플라스틱 제거 시스템이 개발되어 바다에 떠다니는 미세 플라스틱을 제거하는 데 활용되고 있다. 특히 태평양 거대 쓰레기 지대(GPGP)와 같은 해양 쓰레기 문제가 심각해지면서 플라스틱 폐기물을 효율적으로 회수하고 재활용하는 기술의 중요성이 더욱 커지고 있다.

방사성 폐기물 관리와 우주 청소 분야 역시 기술 발전이 활발히 이루어지고 있다. 원자력 발전소에서 발생하는 고준위 방사성 폐기물을 안전하게 처리하기 위한 로봇과 자동화 시스템이 개발되고 있으며, 우주 쓰레기를 수거하는 로봇 팔과 인공위성 기반의 청소 시스템이 연구되고 있다. 이러한 기술들은 인류가 지속적으로 환경을 보호하고 안전한 생활을 영위하는 데 중요한 역할을 할 것이다.

청소의 미래는 단순히 더 깨끗한 환경을 만드는 것에 그치지 않는다. 우리는 더 효율적인 방법으로 자원을 절약하고 환경을 보호하며 청소 과정에서 발생할 수 있는 오염물 재확산이나 에너지 낭비를 최소화하는 방향으로 나아가고 있다. 인공지능과 로봇, 빅데이터, 친환경 기술이 결합된 '청소 혁명'은 우리를 보다 쾌적한 환경에서 생활할 수 있게 할 것이다.

청소의 사회문화적 진화

청소는 오랫동안 일상적인 노동의 영역으로만 여겨졌지만 현대 사회에서는 그 의미가 점차 확장되고 있다. 공간을 깨끗하게 정리하는 것을 넘어 삶의 질을 높이고 정신적 안정까지 도모하는 행위로 자리 잡고 있다. 이러한 변화는 개인의 인식뿐만 아니라 사회 전반의 문화와 가치관의 진화와도 깊이 연결되어 있다.

대표적인 예로 미니멀리즘과 정리 수납 문화의 확산은 청소의 의미를 위생 관리가 아닌 삶을 비우고 정돈하는 과정으로 재정의했다. 물건을 줄이고 공간을 단순하게 만드는 과정에서 우리는 불필요한 소비를 반성하고 소유보다 경험과 내면의 평화를 중시하는 방향으로 생활 방식을 바꾸어간다. 이 과정에서 청소는 물리적인 정리만이 아니라 심리적 정화의 과정으로 작용하게 된다.

또한 디지털 시대에는 청소의 개념이 물리적 공간을 넘어 가상 공간으로까지 확장되고 있다. 수많은 앱, 사진, 파일, 이메일, 소셜미디어 계정 속에서 우리는 때때로 디지털 정리에 대한 필요를 느낀다. 불필요한 데이터를 정리하고 정신적 과부하를 줄이는 행위 또한 현대인이 수행하는 '디지털 청소'다. 이처럼 청소는 이제 물건을 정리하는 것뿐만 아니라 정보와 감정, 시간과 공간을 정돈하는 문화적 행위로 진화하고 있다.

한편 사회적으로도 청소에 대한 인식은 과거와 달라지고 있다. 예전에는 청소를 그저 해야 하는 일 혹은 누군가에게 맡기는 일로 여겼지만 요즘은 청소가 가져오는 정신적 안정, 자기 돌봄의 효과에 주목하는 사람들이 늘어나고 있다. 청소를 통해 마음이 차분해지고 혼란스러운 삶의 흐름 속에서 통제감을 회복하는 경험은 이제 많은 이들에게 공감되는 삶의 기술이 되었다. 최근 떠오른 '청소 명상', '마음 정리법' 같은 키워드는 이러한 흐름을 반영한다.

이러한 문화적 변화는 사회 전반에도 긍정적인 영향을 미친다. 예를 들어 정리정돈과 청결을 중시하는 문화는 공공장소나 공동체의 위생 수준을 높이고 나아가 서로에 대한 배려와 존중으로 이어지기도 한다. 청소는 더 이상 혼자만을 위한 일이 아닌 공동의 삶의 질을 높이는 사회적 실천으로 자리잡고 있는 것이다.

미래에는 이러한 청소의 문화적 의미가 더욱 다양하게 확장될 것이다. 인공지능과 감성 분석 기술이 결합된 스마트 청소 시스템은 우리의 기분 상태나 스트레스 지수를 감지해 심리적 안정에 도움이 되는 청소 루틴을 제안할 수 있다. 청소 로봇이 먼지를 제거하는 데 그치지 않고, 사용자의 일상 패턴과 감정 상태에 따라 공간의 분위기를 정리해주는 동반자가 될 수도 있다. 또한 가상현실이나 메타버스를 통해 디지털 공간 속 청소나 정리 활동이 현실과 연결되는 새로운 형태의 힐링 활동으로 자리 잡을 가능성도 있다.

결국 청소는 물리적인 행위 이상의 의미를 갖게 되었다. 그것은 정리와 비움, 재배치와 재구성이라는 심리적, 문화적 활동이며 우리 삶의 구조를 정돈하고 삶의 중심을 되찾는 하나의 철학적 과정이라 할 수 있다. 미래의 청소는 기술과 결합해 더욱 정교해지고 자동화, 지능화되겠지만 그 본질은 여전히 '사람을 위한 정돈'에 있다. 청소의 사회문화적 진화는 앞으로도 계속될 것이며, 이 변화 속에서 우리는 더 풍요롭고 건강한 삶의 방식을 만들어갈 수 있을 것이다.

맺으며

　깨끗한 공간은 눈에 보이는 미관상의 문제를 넘어 건강과 환경 그리고 지속 가능한 삶과 직결된다. 집안 청소는 우리 일상의 질을 높이고 도시 청소는 사회의 건강과 질서를 유지하며, 해양과 우주 청소는 지구와 그 너머의 생태계를 보호하는 필수적인 과정이다. 우리가 매일같이 무심코 하는 작은 청소 습관조차도 과학과 기술의 도움을 받아 더욱 정교하고 효율적으로 발전해 왔다. 유체역학이 적용된 공기 정화와 오염 제거 기술, 물리학과 화학이 결합된 세정 원리, 자율주행 로봇과 인공지능이 접목된 첨단 청소 장비들은 모두 깨끗한 환경을 만드는 데 기여하고 있다.

　도시는 수많은 사람과 차량, 산업 활동으로 인해 끊임없이 오염되지만 그 속에서도 깨끗한 공간을 유지하기 위해 다양한 기술이 동원된다. 도로를 씻어내는 고압 세척기, 공기를 정화하는 도시 녹지, 바람길을 설계하는 도시 계획 등은 도시 환경을 보다 쾌적하고 건강하게 만들기 위한 노력의 일부다. 그러나 지구상의 오염은 육지만의 문제가 아니다. 바다에는 거대한 쓰레기 섬이 형성되었고 인류가 쏘아 올린 인공위성의 잔해가 우주를 떠돌며 우주 쓰레기라는 새로운 문제를 만들고 있다. 과거에는 간과되었던 이러한 문제들은 오늘날 첨단 과학기술을 바탕으로 해결책이 모색되고 있다. 바다에서는 플라스틱을 수거하는 자동화 시스템이, 우주에서는 불필요한 위성을 수거하는 로봇 기술이 개발되고 있는 것이다.

청소는 결국 생존과 지속 가능성을 위한 행위다. 지구는 스스로 오염을 분해하고 정화하는 능력을 가지고 있지만 인류의 활동으로 인해 그 속도가 따라가지 못할 만큼 환경이 빠르게 변화하고 있다. 따라서 우리는 과학과 기술을 적극적으로 활용해 깨끗한 환경을 유지하는 데 힘써야 한다. 개인이 하는 작은 집안 청소부터 도시, 해양, 우주를 정화하는 거대한 프로젝트까지 모든 청소는 결국 더 나은 삶과 건강한 미래를 위한 과정이다. 깨끗한 환경을 만드는 것은 단순한 관리의 문제가 아니라 우리가 살아가는 공간을 더 안전하고 지속 가능하게 만들기 위한 필수적인 노력임을 기억해야 할 것이다.

참고 문헌

1 조선일보, <道路掃淸(도로소청)에 注力(주력) 衛生(위생)과 觀光(관광)의 見地(견지)로>, 1939년 2월 18일
2 마스다 미츠히로, "청소력", 나무한그루
3 김완, "죽은 자의 집 청소", 김영사
4 한겨레 <서울시가 새벽청소 막은 까닭은>, 1999년 4월 2일
5 임성민, "청소 끝에 철학", 웨일북
6 카트린 드 실기, "쓰레기, 문명의 그림자", 따비
7 경향신문, 1993년 1월 21일, <新種(신종)「홈 클리닝」호황>
8 김예상, "건축의 발명", MiD
9 송현수, "이렇게 흘러가는 세상", MiD
10 서승직, 최원기, "건축 열환경 이론 및 분석 기초", 일진사
11 조성민 외, "실측과 전산유체역학을 이용한 해인사 장경판전의 보존환경 분석", 한국건축친환경설비학회 논문집, 2017
12 김동현, "플레인 센스", 웨일북
13 편종필, "유리 예술의 문을 두드리다", 미술문화
14 김병호, "유리공학", 청문각
15 Cunming Yu et al., "Nature-Inspired self-cleaning surfaces: Mechanisms, modelling, and manufacturing" Chemical Engineering Research and Design

16 Ricardo P Arciniega-Rocha et al.,, "Revolutionizing cleaning: The future of broomstick and dustpan design", Journal of Civil Engineering and Environmental Sciences, 2023

17 크리스 우드포드, "나는 물리로 세상을 읽는다", 반니

18 Zerun Zhang et al., "Review of Acoustic Agglomeration Technology Research", ACS Omega, 2024

19 옌스 죈트겐, "먼지 보고서", 자연과 생태

20 마크 미오도닉, "흐르는 것들의 과학", MiD

21 Oisín Ó Briain et al., The role of wet wipes and sanitary towels as a source of white microplastic fibres in the marine environment, Water Research, 2020

22 피에로 마틴, "쓰레기에 관한 모든 것", 북스힐

23 Tadd Truscott 교수 연구실 홈페이지 https://splashlab.org

24 Kaveeshan A Thurairajah et al., "Splash-free Urinals Inspired by Nautilus Shells and Dogs", APS, 2022

25 Ji-Xiang Wang et al., "Virus transmission from urinals", Physics of Fluids, 2020

26 John P. Crimaldi et al., "Commercial toilets emit energetic and rapidly spreading aerosol plumes", Scientific Reports, 2022

27 배귀남 외, "미세먼지", 문학과 지성사

28 이복진, 박승식, "중량법과 베타선 흡수법을 이용한 온라인 광산란 미세먼지 측정기의 PM10과 PM2.5의 정확도 평가", Journal of Korean Society for Atmospheric Environment, 2019

29 Siyang Li et al., "Change of extreme snow events shaped the

roof of traditional Chinese architecture in the past millennium", Science Advances, 2021

30 최은정, "우주 쓰레기가 온다", 갈매나무